建筑工人技能培训教程

# 抹灰工

本书编委会　编

中国建筑工业出版社

**图书在版编目（CIP）数据**

抹灰工/本书编委会编. —北京：中国建筑工业出版社，2016.10
建筑工人技能培训教程
ISBN 978-7-112-19847-4

Ⅰ.①抹…　Ⅱ.①本…　Ⅲ.①抹灰-技术培训-教材
Ⅳ.①TU754.2

中国版本图书馆 CIP 数据核字（2016）第 222883 号

本书是建筑工人技能培训教程系列丛书中的《抹灰工》分册，内容共 6 章，包括抹灰工程；装饰抹灰；普通内墙镶贴工程；楼地面工程的普通铺贴；内墙及楼地面中档镶贴工程；质量检查、文明施工及安全技术。

本书可作为抹灰工培训教材，也可供相关专业在校生学习使用。

责任编辑：张　磊　范业庶　王　治
责任设计：李志立
责任校对：李美娜　李欣慰

建筑工人技能培训教程
**抹　灰　工**
本书编委会　编

*

中国建筑工业出版社出版、发行（北京海淀三里河路 9 号）
各地新华书店、建筑书店经销
霸州市顺浩图文科技发展有限公司制版
北京同文印刷有限责任公司印刷

*

开本：850×1168 毫米　1/32　印张：3¼　字数：86 千字
2017 年 1 月第一版　2017 年 1 月第一次印刷
定价：**15.00** 元
ISBN 978-7-112-19847-4
（29343）

# 本书编委会

# 丛书前言

国民经济的快速发展带来了建筑业的繁荣，建筑市场的蓬勃发展为我国建筑企业提供了良好的发展前景，然而竞争的日趋激烈，使企业的竞争变成人才的竞争，而建筑业人才的问题已成为影响和制约我国企业走向国际市场的主要因素。现如今我国建设队伍正面临前所未有的重大发展机遇和挑战，承担着巨大的历史责任，存在建筑工人业务能力不高，专业知识缺乏，而我们所有建设项目的质量决定着我国国民经济的运行质量和资产质量。建立一支规模宏大、素质较高、结构合理的建设人才队伍已成为当务之急，培养一支技术过硬、德才兼备的员工队伍，是新形势下建筑企业面临的一项重要任务。

随着社会的发展和建筑行业的新常态，建筑市场应用型人才受到越来越多的企业青睐。建筑施工技工的数量也急剧增加，在国家提倡多层次办学以及应用型人才实际需要的情况下，根据建筑工程施工职业技能标准，本书编委会特地为高职高专、大中专土木工程类学生、土木工程技术管理人员、建筑从业技工编写了培训教材和参考书籍。

本系列丛书共分 9 本，根据不同工种职业操作技能，结合在建筑工程中实际的应用，针对建筑工程施工工艺、质量要求、操作方法及工作特点等作了具体、详细的阐述。

本丛书特点：

(1) 本书系统地介绍了工人应了解的知识要点和操作方法，以图文并茂的形式展现理论和实践，让初学者快速入门，学而不厌，很快掌握现场施工要点。

(2) 本书资料翔实、内容丰富、图文并茂，增加了施工的具体操作及方法，丰富工人的具体技能，适用于各专业工长、技术员以及刚入行或将要入行的人员等。

（3）本丛书精选施工现场常用的、重要的施工方法等知识要点，着重培养应用型人才，为建筑行业注入活力，提高人员操作水平，提高建筑施工质量，让其在建筑行业的从业者中脱颖而出，成为施工高手。

本丛书在内容上，力求做到简明实用，便于读者自学和掌握，由于学识和经验有限，尽管尽心尽力，但书中难免有疏漏或未尽之处，恳请有关专家和广大读者提出宝贵的意见。

# 本书前言

随着社会的发展和建筑行业的新常态，建筑市场应用型人才受到越来越多的企业青睐。在国家提倡多层次办学以及应用型人才实际需要的情况下，特地为高职高专、大中专土木工程类学生及土木工程技术与管理人员编写了培训教材和参考书籍。

通过学习本书，你会发现以下优点：

（1）本书系统地介绍了抹灰工人应了解的知识要点和操作方法，以图文并茂的形式展现理论和实践，让初学者快速入门，学而不厌，很快掌握现场施工管理要点。

（2）本书增加了饰面砖、石材铺贴的具体方法及施工工艺，丰富抹灰工人的具体技能。

（3）严格遵守现行标准规范和图集要求，本书精选了施工现场常用的，重要的施工工艺等知识点。

（4）注重培养应用型人才，为建筑行业注入活力，提高人员操作水平，提高建筑施工质量，让其在建筑行业的从业者中脱颖而出，成为技术高手。

本书由北京城建北方建设有限责任公司赵志刚担任主编，由中建八局第一建设有限公司刘艳强担任第二主编；由广东重工建设监理有限公司刘琰、江苏省苏中建设集团股份有限公司卢开礼、江苏省苏中建设集团股份有限公司姚程天、浙江浙旅置业有限公司宋鸣东担任副主编。由于编者水平有限，书中难免有不妥之处，欢迎广大读者批评指正，意见及建议可发送至邮箱bwhzj1990@163.com。

# 目　录

第1章　抹灰工程……………………………………………… 1
1.1　常用的抹灰机械及工具 ……………………………… 1
1.1.1　手工操作工具……………………………………… 1
1.1.2　测量类工具 ……………………………………… 3
1.1.3　清洁类工具 ……………………………………… 4
1.1.4　运输类工、机具…………………………………… 5
1.1.5　搅拌类工、机具…………………………………… 5
1.1.6　块材铺贴专用工具 ……………………………… 6
1.1.7　其他工具 ………………………………………… 7
1.2　常用的抹灰材料 ……………………………………… 8
1.2.1　抹灰砂浆材料……………………………………… 8
1.2.2　饰面材料 ……………………………………… 12
1.3　墙面、顶棚基层的检查处理……………………… 13
1.4　抹灰砂浆的配制………………………………………… 14
1.5　墙面与顶棚抹底灰……………………………………… 16
1.6　一般抹灰工程的罩面施工……………………………… 16
1.7　一般抹灰工程的质量通病与防治…………………… 17
1.7.1　质量检查 ……………………………………… 17
1.7.2　质量通病 ……………………………………… 17
第2章　装饰抹灰 ………………………………………… 22
2.1　拉毛灰的做法………………………………………… 22
2.1.1　材料及主要机具 ……………………………… 23
2.1.2　作业条件 ……………………………………… 23
2.1.3　施工工艺 ……………………………………… 24
2.1.4　质量问题及对策 ……………………………… 26
2.2　水刷石施工……………………………………………… 27

2.2.1 施工准备 …… 27
2.2.2 主要机具 …… 28
2.2.3 作业条件 …… 29
2.2.4 材料和质量要点 …… 30
2.2.5 施工工艺 …… 31
2.3 干粘石施工 …… 34
2.3.1 施工准备 …… 34
2.3.2 主要机具 …… 36
2.3.3 作业条件 …… 37
2.3.4 材料和质量要点 …… 37
2.3.5 施工工艺 …… 39
2.4 水磨石施工 …… 42
2.4.1 材料及主要机具 …… 42
2.4.2 作业条件 …… 43
2.4.3 施工工艺 …… 43
2.4.4 操作要点 …… 44
2.4.5 质量问题及对策 …… 47
**第3章 普通内墙镶贴工程** …… 48
3.1 施工条件准备 …… 48
3.2 施工工艺 …… 48
3.3 墙面基层处理 …… 49
3.4 弹线、拉线和做标志 …… 49
3.5 瓷砖镶贴操作 …… 49
3.6 饰面砖粘贴工程质量标准 …… 51
**第4章 楼地面工程的普通铺贴** …… 53
4.1 施工准备 …… 53
4.1.1 材料准备 …… 53
4.1.2 机械准备 …… 59
4.1.3 人员准备 …… 65
4.2 挑砖、弹线与铺贴 …… 65

4.2.1 挑砖 …… 65
4.2.2 弹线 …… 67
4.2.3 铺贴 …… 68
**第5章 内墙及楼地面中档镶贴工程** …… 73
5.1 墙柱面大理石饰面板安装方法 …… 73
5.1.1 主要安装方法 …… 73
5.1.2 湿作业法施工工艺 …… 75
5.1.3 门形钉固定法施工工艺 …… 77
5.1.4 干挂法施工工艺 …… 77
5.2 板材安装后的质量检查 …… 82
5.3 地面大理石、花岗岩做法 …… 84
5.3.1 工艺流程 …… 84
5.3.2 操作要点 …… 84
5.3.3 注意事项 …… 86
**第6章 质量检查、文明施工及安全技术** …… 87
6.1 质量检查及检查方法 …… 87
6.1.1 一般抹灰的质量标准及检查方法 …… 87
6.1.2 装饰抹灰的质量标准及检查方法 …… 87
6.2 现场文明施工 …… 88
6.3 新工人进场安全教育 …… 88
6.4 施工及机械使用安全技术 …… 89
6.4.1 材料堆放及运输 …… 89
6.4.2 内、外脚手架作业 …… 90
6.4.3 用电及机械使用 …… 90
6.4.4 其他安全要求 …… 91
6.4.5 抹灰工常见伤害与预防 …… 91

# 第1章 抹灰工程

## 1.1 常用的抹灰机械及工具

### 1.1.1 手工操作工具

1. 抹子

(1) 铁抹子：铁抹子俗称钢板，有方头和圆头两种，一般用于抹底子灰、水泥砂浆面层或抹水刷石、水磨石面层等。

(2) 钢皮抹子：钢皮抹子与铁抹子外形相同，但比较薄、弹性较大，适用于抹水泥砂浆面层和地面压光。

(3) 塑料抹子：有方头和圆头两种，用聚乙烯硬质塑料制成，用于压光纸筋石灰浆面层。

(4) 木抹子：木抹子又称木蟹，是用红白松木制作而成的，适宜于砂浆的搓平压光。

(5) 压子：一般适用于压光水泥砂浆面层及纸筋灰等罩面。见图1-1。

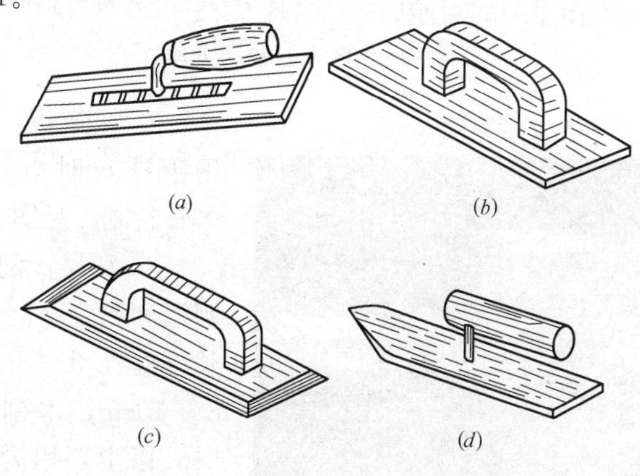

图1-1 抹子

(*a*) 铁抹子；(*b*) 塑料抹子；(*c*) 木抹子；(*d*) 压子

（6）阴角抹子：阴角抹子也称阴角器，分为直角阴角抹子和圆阴角抹子两种，适用于阴角弧形阴角、阴沟压光。

（7）阳角抹子：阳角抹子也称阳抽角器，适用于压光直角阳角、圆弧形阳角和护角线。

（8）捋角器：捋角器适用于捋水泥抱角和作护角。见图 1-2。

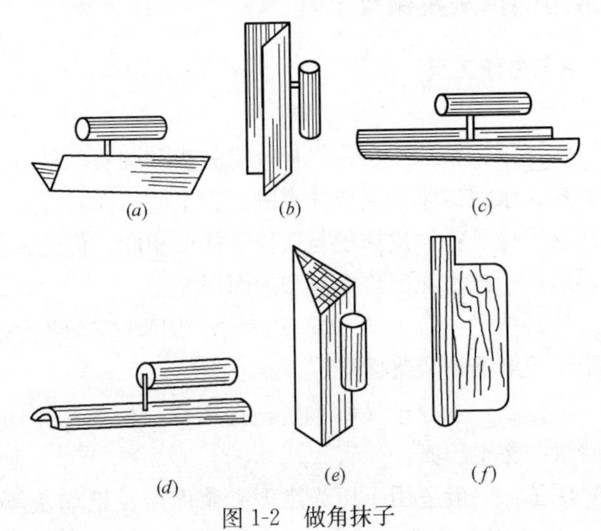


图 1-2　做角抹子

（a）阴角抹子；（b）阳角抹子；（c）圆阴角抹子；（d）圆阳角抹子；（e）塑料阳角抹子；（f）捋角器

2. 托灰板：托灰板用于抹灰时承托砂浆，多塑料制。见图 1-3。

图 1-3　塑料托灰板

3. 刮尺：刮尺有木刮尺和铝合金刮尺两种，长度在 1.5～3m，宽度 8～10cm，木刮尺厚度 5cm 以上，铝合金厚度 2～3cm，用于冲筋，刮平地面或墙面的抹灰层，见图 1-4。

图 1-4　铝合金刮尺

4. 分格条：分格条用于分格缝和滴水槽，断面呈 C 形，多为塑料 PVC 制品，见图 1-5。

图 1-5　分格条

### 1.1.2　测量类工具

1. 水平尺：水平尺用来检查墙面水平度。

2. 方尺：方尺也称拐尺或兜尺，适用于测量阴阳角的方正。

3. 八字靠尺：八字靠尺也称引条，一般作为做棱角的依据，其长度按需要截取。

4. 托线板和线锤：托线板和线锤主要用于测量立面和阴阳角的垂直度，常用规格为15mm×120mm×2000mm。板中间有一条标准线。

5. 吊牌：吊牌是用厚3～10mm，5cm×15cm左右钢板制成的矩形小钢板，在短边中央钻一个圆孔，穿一根细线，用来控制、检查、墙面平整度。

6. 水平管：小塑料透明管装水打平水，见图1-6。

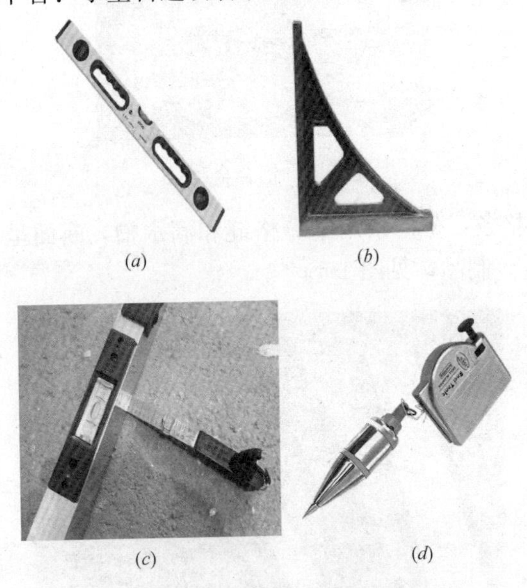

(*a*) (*b*) (*c*) (*d*)

图1-6　抹灰常见测量工具

(*a*) 水平尺；(*b*) 方尺；(*c*) 靠尺；(*d*) 线锤

### 1.1.3　清洁类工具

1. 长毛刷：长毛刷又称软毛刷子，在室内外抹灰时洒水用。

2. 猪鬃刷：猪鬃刷适用于水刷石、拉毛灰。

3. 鸡腿刷：鸡腿刷适用于阴角处和长毛刷子刷不到的地方。

4. 钢丝刷：钢丝刷适用于清刷基层面。

5. 竹扫把：竹扫把用于清理基层表面，刷楼地面水泥浆块材铺贴专用工具，见图 1-7。

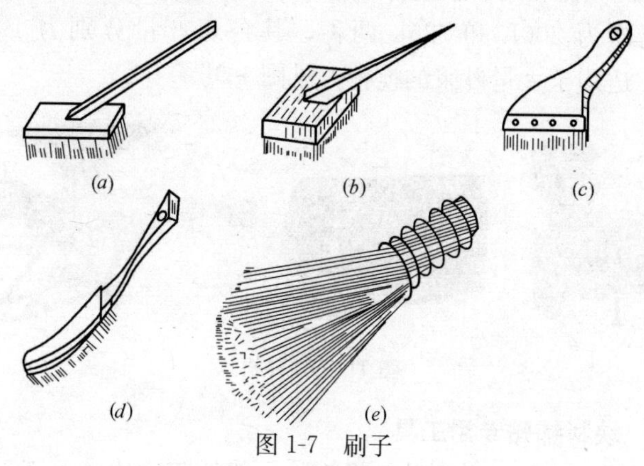

图 1-7　刷子

（*a*）长毛刷；（*b*）猪鬃刷；（*c*）鸡腿刷；（*d*）钢丝刷；（*e*）茅柴刷

### 1.1.4　运输类工、机具

运输类工具有灰桶、扁担、推斗车等。运输类的机具有吊篮、外用电梯、塔吊等。

### 1.1.5　搅拌类工、机具

砂浆拌合有机械和人工拌合两种。

1. 人工拌和常用工具有：铁锹、灰镐、灰叉子、筛子，筛子常用孔径有 10mm、8mm、5mm、3mm、1.5mm、1mm 等，见图 1-8。

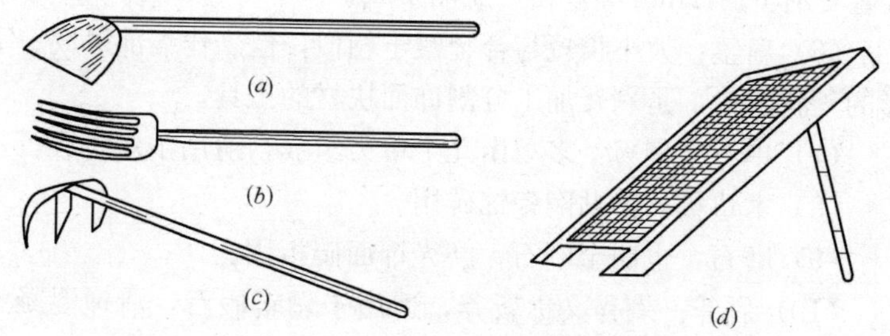

图 1-8　人工拌合工具

（*a*）灰镐；（*b*）灰叉子；（*c*）灰耙；（*d*）筛子

2. 常见搅拌机按其搅拌原理分为强制式搅拌机和自落式搅拌机。机械拌和用砂浆搅拌机是用来制备各种砂浆的专用机械，常用规格为 200L 和 325L 两种，其台班产量分别为 $10m^3$ 和 $26m^3$，适用于大量砂浆的搅拌，见图 1-9。

图 1-9　搅拌机

### 1.1.6　块材铺贴专用工具

1. 手工工具：贴面装饰操作除一般抹灰常用的手工工具外，根据块材的不同，还需一些专用的手工工具。专用工具分述如下。

（1）开刀：镶贴饰面砖拨缝用。

（2）木槌、橡皮锤和花锤：木槌、橡皮锤安装或镶贴块材时敲击振实用，花锤是石工的工具，也用于斩假石。

（3）硬木柏：镶贴块材振实用。

（4）铁铲：涂抹砂浆用。

（5）合金錾子、小手锤：用于饰面砖、饰面板手工切割。合金錾子有 6～12mm 等规格，见图 1-10。

（6）扁錾：大小长短与合金錾子相似，但工作端部锻成一字形的斧状錾口，是剁斧加工分割饰面块材的工具。

（7）单刃或多刃：多刃由几个单刃组成，适用于剁斩假石。

（8）木垫板：镶贴陶瓷锦砖用。

（9）磨石：也叫金刚石，磨光饰面砖板用。

（10）剁斧：剁斧又称斩斧，适用于剁斩假石，清理混凝土基层，见图 1-11。

2. 常用机具

图 1-10　合金錾子

图 1-11　剁斧

（1）手动切割器：用于切割饰面块材，见图 1-12。

（2）打眼器：饰面块材打眼用。

此外还有钻孔用的手电钻、电锤，切割大理石饰面板用的台式切割机和电动切割机等。

图 1-12　手持切割器

### 1.1.7　其他工具

（1）粉袋包：粉袋包适用于弹水平线或分格缝。

（2）铁皮：铁皮是用弹性较好的钢皮制成。适用于小面积或铁抹子伸不进去的地方的抹灰或修理。

（3）分格器：分格器也称劈缝溜子或抽筋铁板，适用于抹灰面层分格。

（4）小灰勺：小灰勺用于抹灰时舀砂浆。

## 1.2　常用的抹灰材料

### 1.2.1　抹灰砂浆材料

抹灰砂浆由水泥、石灰、砂及其他材料按一定的配合拌合而成。常用的有水泥砂浆、混合砂浆和特殊砂浆。

水泥砂浆由水、砂、水泥按一定比例拌制成，适用于厨房、厕所、阳台、外墙以及楼地面和顶棚抹灰等有防水要求和需要贴饰面砖的部位，水泥砂浆还用于护角，踢脚线、腰线、窗台等经常要碰撞的部位。混合砂浆由水、砂、水泥、石灰按一定比例拌制成，适用于无防水、防潮要求的内墙面的抹灰。根据砂浆所需的特殊功能而掺加外加剂还形成了特殊砂浆，如防水砂浆、抗裂砂浆、抗渗砂浆、耐酸碱砂浆等。

1. 水泥

（1）品种

抹灰常用水泥主要是硅酸盐水泥。水泥强度等级宜采用42.5级以上，宜使用同一品种、同一强度等级、同一厂家生产的产品。

（2）主要技术性能

1）安定性

安定性用于检验水泥在硬化过程中其体积变化的均匀程度。安定性不好的水泥砂浆在凝结硬化过程中会出现龟裂、变曲、松脆、崩溃等不安定现象。安定性不合格的水泥应当予以报废处理。

工地中测试安定性一般采用试饼法。试饼法是将标准稠度的水泥净浆制成的试饼，放在温度20±1℃，相对湿度不小于90%的湿气养护箱内，养护21～27h，取出沸煮3h后目测试饼的外观，若试饼发生龟裂或翘曲，即该批水泥安定性不合格，见图1-13。

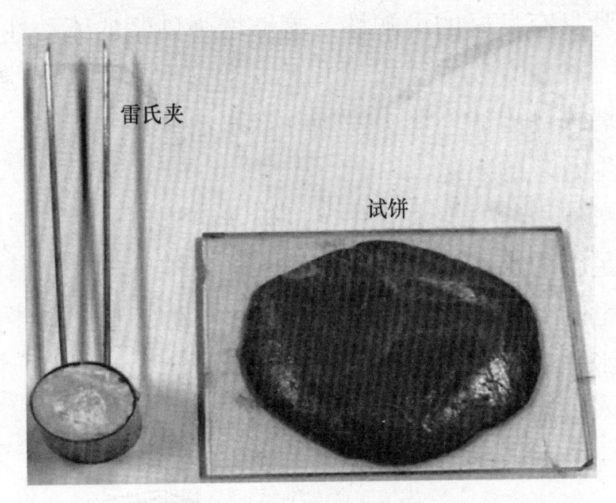


图 1-13　安定性水泥试饼

2）水泥的凝结时间

水泥的凝结时间分为初凝和终凝，初凝时间是指从水泥加水到开始失去塑性并凝聚成块的时间，此时不具有机械强度。而终凝时间是指从加水到完全失去塑性的时间，此时混凝土产生机械强度，并能抵抗一定外力。国家标准规定硅酸盐水泥初凝不早于45min，终凝不迟于6.5h。搅拌、运输、涂抹等工序，必须在水泥初凝之前完成，终凝前不能加载或扰动，否则抹灰会起壳、空鼓、开裂。

3）贮存

水泥贮存期一般不宜超过3个月，存放3个月后，可以将水泥搬运一次或重新装袋。过期水泥要重新检验，确定其强度等级后方可使用。受潮水泥在有可以捏成粉末的松块而无硬块的状况下，重新取样送检，按试验结论强度等级使用，使用前要将松块压成粉末，加强搅拌。

2. 石灰膏

石灰膏是经生石灰加水熟化过滤，并在沉淀池中沉淀而成的。

(1) 石灰膏的技术性能

石灰膏具有良好的可塑性，能够增强砂浆的流动性，方便操作。它是一种在空气中缓慢硬化的材料，且硬化后的强度不高。不宜在外墙或潮湿的环境中使用（如水池壁）。

(2) 生石灰的熟化

生石灰使用前要加水熟化，即泡灰。泡制方法是：先在化灰池中放入足够的水，再将生石灰倒入泡灰池中熟化，其用水量约为石灰重量的 2.5～3 倍或更多些。用齿耙在池中搅拌，使生石灰充分吸水熟化，然后用孔径为 3mm×3mm 的筛子将稀浆过滤，再放入沉淀池中贮存，见图 1-14。

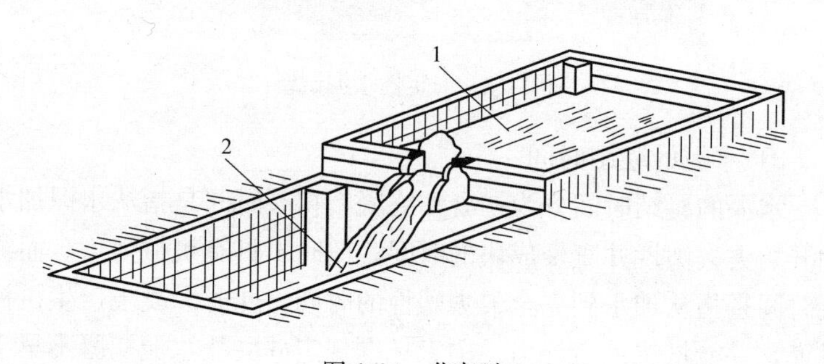


图 1-14　化灰池

1—化灰池；2—贮灰池

为了使石灰有充分的熟化时间，在常温下一般需要泡 15d，如用于罩面时需泡不少于 30d，使用时，石灰膏内不得含有未熟化的颗粒和其他杂质。在泡制期间，石灰浆表面应保持有一层水，使它与空气隔绝，以免碳化、冻结、风化和干硬。

3. 砂

(1) 砂的类型

1）按照砂的来源有山砂、河砂、海砂及人工砂，其中河砂是抹灰与砌筑的理想材料。

2）按平均粒径分为粗砂、中砂、细砂和特细砂 4 种。粗砂的平均粒径不小于0.5mm，中砂的平均粒径为0.35～0.5mm，细砂的平均粒径为0.25～0.35mm，抹灰工程中常用中砂，不宜采用特细砂。

（2）颗粒级配

砂的颗粒级配是指大小颗粒相互搭配的比例情况，若比例得当，空隙达到最小。

（3）质量要求

砂中的黏土、泥块、云母等有机杂质均为有害物质，直接影响砂浆的强度，其含量均有限制。如：砂的含泥量不得超过3%。因此，砂在使用时应过筛并用清水冲洗干净。

4. 纤维材料

可提高抹灰层的抗拉强度、弹性和耐久性，保证抹灰罩面层不易发生裂缝和脱落。其主要品种：有麻刀、纸筋、稻草、谷壳、玻璃丝等。

（1）麻刀

麻刀为白麻丝，以均匀、坚韧、干燥、不含杂质、洁净为好。一般要求长度为2～3cm，随用随打松散，每100kg灰膏掺入1kg麻刀，经搅拌均匀，即可成为麻刀灰。

（2）纸筋

纸筋常用粗草纸泡制，有干纸筋和湿纸筋之分。在使用前先将干纸筋撕碎、除去尘土后泡在清水桶内浸透，然后再捣烂，按每100kg石灰膏内掺入2.75kg的比例倒入泡灰池内，使用时应过筛。但纸筋未打烂之前不允许掺和石灰膏，以免罩面层留有纸粒。

（3）玻璃丝

将玻璃丝切成10mm长，每100kg石灰膏玻璃丝200～300g，搅拌均匀成玻璃丝灰。玻璃丝耐热、耐腐蚀，抹出的墙面洁白光滑，而且价格便宜。但操作时需防止玻璃丝刺激皮肤，应注意劳动保护。

5. 水

砂浆中的一部分水与水泥起化学反应，另一部分起润滑作用，使砂浆具有保水性与和易性。水的多少直接影响砂浆的质量，加水量过少则影响抹灰的操作性，加水量过多将直接降低砂浆的强度，应严格按设计配合比配置。建筑施工用水一般采用未受污染的软水，如：自来水、饮用水等。

6. 水玻璃

水玻璃是一种胶质溶液，具有良好的黏结性。用水稀释配置耐酸、耐热砂浆以及同水泥一起调制成黏结剂，用以配置特种砂浆。水玻璃硬化较慢，为加速其凝结硬化，常掺入适量的促硬剂——氟硅酸钠。因氟硅酸钠具有毒性，操作时应注意劳动保护。水玻璃混合料是气硬性材料，养护环境应保持干燥，储存中也应注意防潮、防水。

### 1.2.2 饰面材料

1. 石子

抹灰用的石子主要有豆石和色石渣。豆石主要用作水刷石或干粘石面层及楼地面细石混凝土面层。粒径以 5～8mm 为宜。色石渣是由大理石、方解石等经破碎、筛分而成，颜色多样，是制作干粘石、水刷石、水磨石等的水泥石子浆的骨料。

2. 瓷砖

瓷砖是一种陶制产品，由不同材料混合而成的陶泥，经切割后脱水风干，再经高温烧压，制成不同形状不同规格的砖块。按工艺不同又分为釉面砖和通体砖（也叫玻化砖，抛光砖），在房屋建筑工程中广泛应用于外墙，卫生间、厨房、阳台的墙面和地面。

3. 天然石材

是从天然岩体中开采出来的，并经过加工成块状或板状材料的总称，主要有花岗石、大理石等。其中大理石强度适中，色彩和花纹比较美丽，但耐腐蚀性差，一般多用于高级建筑物的内墙面、地面等。花岗岩强度、硬度均很高，耐腐蚀能力及抗风化能力较强，是高级装饰工程室内、外的理想面材。

4. 人造石材

是以不饱和聚酯树脂为黏结剂，配以天然大理石或方解石、白云石、硅砂、玻璃粉等无机物粉料，再加入适量外加剂制成的一种人造石材。在防潮、防酸、防碱、耐高温、拼凑性方面都有长足的进步。

## 1.3 墙面、顶棚基层的检查处理

抹灰工程施工，必须在结构或基层质量检验合格后进行。必要时，应会同有关部门办理结构验收和隐蔽工程验收手续。对其他配合的工种项目也必须进行检查，这是确保抹灰质量和进度的关键。

1. 抹灰前应对以下主要项目进行检查：

(1) 门窗框及其他木制品安装是否正确并齐全，是否预留抹灰层厚度，门窗口高度是否符合室内水平线标高。

(2) 吊顶是否牢固，标高是否正确。

(3) 墙面预留木砖或铁件有无遗漏，标高是否正确，埋置是否牢固。

(4) 水、电管线，配电箱是否安装完毕，有无遗漏，水暖管道是否做过压力试验，地漏位置标高是否正确。

(5) 阳台栏杆、泄水管、水落管管夹、电线绝缘托架、消防梯等安装是否齐全与牢固。

2. 抹灰前基层表面处理：

(1) 烧结砖砌体的基层，应清除表面杂物残留灰浆、舌头灰、尘土等，并应在抹灰前一天浇水湿润，水应渗入墙面内10～20mm。抹灰时，墙面不得有明水。

(2) 蒸压灰砂砖、蒸压粉煤灰砖、轻骨料混凝土、轻骨料混凝土空心砌块的基层，应清除表面杂物、残留灰浆、舌头灰、尘土等，并可在抹灰前浇水湿润墙面。

(3) 混凝土基层，应先将基层表面的尘土、污垢、油渍等清除干净，应采用下列方法之一进行处理：

1）可将混凝土表面凿成麻面；抹灰前一天，应浇水湿润，抹灰时，基层表面不得有明水；

2）可在混凝土基层表面涂抹界面砂浆，界面砂浆应先加水搅拌均匀，无生粉团后再进行满披刮，并应覆盖全部基层表面，厚度不宜大于2mm。在界面砂浆表面稍收浆后再进行抹灰。

（4）对于加气混凝土砌块基层，应先将基层清扫干净，在采用下列方法之一进行处理：

1）可用水湿润，水应渗入墙面内10～20mm，且墙面不得有明水。

2）可涂抹界面砂浆，界面砂浆应先加水搅拌均匀，无生粉团后再进行满披刮，并应覆盖全部基层墙体，厚度不宜大于2mm。在界面砂浆表面稍收浆后再进行抹灰。

（5）对于混凝土小型空心砌体和混凝土多孔砖砌体的基层，应将基层表面的尘土、污垢、油渍等清理干净，且不得浇水湿润。

（6）采用聚合物水泥抹灰砂浆时，基层应清理干净，不可浇水湿润。

（7）采用石膏抹灰砂浆时，基层不可进行界面增强处理，应浇水湿润。

## 1.4 抹灰砂浆的配制

抹灰砂浆是应用涂刷在建筑基面上起到找平或者提供保护的一类砂浆统称。根据操作不同，抹灰砂浆分为现场搅拌砂浆和预拌干粉抹灰砂浆。预拌干粉抹灰砂浆是商品砂浆中的一种，其中干粉抹灰砂浆是将水泥、填料、骨料和多种功能性外加剂配制而成。抹灰砂浆配合比是指组成抹灰砂浆的各种原材料的质量比，也常用体积比表示。抹灰砂浆配合比在设计图纸上均有注明，根据砂浆品种及配合比就可以计算出原材料的用量。一般抹灰砂浆的配制详见表1-1～表1-4。

**水泥抹灰砂浆的配合比　　表 1-1**

<table>
<tr><th>砂浆强度等级</th><th>水泥用量(kg/$m^3$)</th><th>水泥要求</th><th>砂(kg/$m^3$)</th><th>水(kg/$m^3$)</th><th>适用部位</th></tr>
<tr><td>M15</td><td>330～380</td><td rowspan="2">强度 42.5 通用硅酸盐水泥或砌筑水泥</td><td rowspan="4">1$m^3$ 砂的堆积密度值</td><td rowspan="4">260～330</td><td rowspan="4">墙面、墙裙、防潮要求的房间，屋檐、压檐墙、门窗洞口等部位</td></tr>
<tr><td>M20</td><td>380～450</td></tr>
<tr><td>M25</td><td>400～450</td><td rowspan="2">强度 52.5 通用硅酸盐水泥</td></tr>
<tr><td>M30</td><td>460～510</td></tr>
</table>

**水泥粉煤灰抹灰砂浆的配合比　　表 1-2**

<table>
<tr><th>砂浆强度等级</th><th>水泥用量(kg/$m^3$)</th><th>水泥要求</th><th>粉煤灰</th><th>砂(kg/$m^3$)</th><th>水(kg/$m^3$)</th><th>适用部位</th></tr>
<tr><td>M5</td><td>250～290</td><td rowspan="2">强度 42.5 通用硅酸盐水泥</td><td rowspan="3">内掺等量取代水泥量的 10%～30%</td><td rowspan="3">1$m^3$ 砂的堆积密度值</td><td rowspan="3">260～330</td><td rowspan="3">适用于内外墙抹灰</td></tr>
<tr><td>M10</td><td>320～350</td></tr>
<tr><td>M15</td><td>350～400</td><td>强度 52.5 通用硅酸盐水泥</td></tr>
</table>

**水泥石灰抹灰砂浆的配合比　　表 1-3**

<table>
<tr><th>砂浆强度等级</th><th>水泥用量(kg/$m^3$)</th><th>水泥要求</th><th>石灰膏(kg/$m^3$)</th><th>砂(kg/$m^3$)</th><th>水(kg/$m^3$)</th><th>适用部位</th></tr>
<tr><td>M2.5</td><td>200～230</td><td rowspan="3">强度 42.5 通用硅酸盐水泥或砌筑水泥</td><td rowspan="3">(350～400)减去水泥用量</td><td rowspan="3">1$m^3$ 砂的堆积密度值</td><td rowspan="3">260～330</td><td rowspan="3">适用于内外墙抹灰，不宜用于湿度较大的部位</td></tr>
<tr><td>M5</td><td>230～280</td></tr>
<tr><td>M10</td><td>330～380</td></tr>
</table>

**掺塑化剂水泥抹灰砂浆的配合比　　表 1-4**

<table>
<tr><th>砂浆强度等级</th><th>水泥用量(kg/$m^3$)</th><th>水泥要求</th><th>塑化剂(kg/$m^3$)</th><th>砂(kg/$m^3$)</th><th>水(kg/$m^3$)</th><th>适用部位</th></tr>
<tr><td>M5</td><td>260～300</td><td rowspan="3">强度 42.5 通用硅酸盐水泥</td><td rowspan="3">按说明书掺加。砂浆使用时间不超过 2h</td><td rowspan="3">1$m^3$ 砂的堆积密度值</td><td rowspan="3">260～330</td><td rowspan="3">适用于内外墙抹灰</td></tr>
<tr><td>M10</td><td>330～360</td></tr>
<tr><td>M15</td><td>360～410</td></tr>
</table>

## 1.5 墙面与顶棚抹底灰

内墙抹灰底灰一般在冲筋完成 2h 左右插入施工为宜，抹前应先抹一层薄灰，要求将基底抹严，抹时用力压实使砂浆挤入细小缝隙内，接着分层装档、抹与冲筋平，用木杠刮找平整，用木抹子搓毛。然后全面检查底子灰是否平整，阴阳角是否方直、整洁，管道后与阴角交接处是否光滑、平整、顺直，并用拖线板检查墙面垂直度与平整情况。抹灰面接茬应平顺，地面踢脚板或墙裙，管道背后应及时清理干净，做到工完场清。

外墙抹灰在底层灰施工前，可根据不同基层墙体，刷一道胶黏性水泥浆，然后抹 1∶3 水泥砂浆（加气混凝土墙底层应抹1∶6 水泥砂浆），每层厚度控制在 5～7mm 为宜。分层抹灰与冲筋平时用木杠子刮平找直，木抹子搓毛，每层抹灰不宜跟得太紧，以防收缩影响质量。

混凝土顶棚抹灰前，应先将楼板表面附着的杂物清除干净，并应将基面的油污或脱模剂清除干净，凹凸处应用聚合物水泥砂浆修补平整或剔平。顶棚抹灰前，应在四周墙上弹水平线作为控制线，先抹顶棚四周，再圈边找平。对于预制混凝土顶棚抹灰厚度不宜大于 10mm，现浇混凝土顶棚抹灰厚度不大于 5mm。

## 1.6 一般抹灰工程的罩面施工

面层，又称“罩面”。面层抹灰主要起装饰和保护作用。抹灰应在底灰六七成干时开始抹罩面灰（抹时若底灰过干应浇水湿润），罩面灰两遍成活，每遍厚度约 2mm，操作时最好两人同时配合进行，一人先刮一遍薄灰，另一人随即抹平。依照先上后下的顺序进行，然后赶实压光，压时要掌握好火候，既不要出现水纹，也不可压活，压好后随即用毛刷蘸水，将罩面灰污染处清理干净。施工时整面墙不宜留施工槎，如遇有施工洞时，可甩下整面墙待抹为宜。

## 1.7 一般抹灰工程的质量通病与防治

### 1.7.1 质量检查

一般抹灰的允许偏差和检验方法详见表1-5。

**一般抹灰的允许偏差和检验方法　　　　表1-5**

| 项次 | 项目 | 允许偏差(mm) | | 检验方法 |
|---|---|---|---|---|
| | | 普通抹灰 | 高级抹灰 | |
| 1 | 立面垂直度 | 4 | 3 | 用2m垂直检测尺检查 |
| 2 | 表面平整度 | 4 | 3 | 用2m靠尺和塞尺检查 |
| 3 | 阴阳角方正 | 4 | 3 | 用直角检测尺检查 |
| 4 | 分格条(缝)直线度 | 4 | 3 | 拉5m线,不足5m拉通线,用钢直尺检查 |
| 5 | 墙裙勒脚上口直线度 | 4 | 3 | 拉5m线,不足5m拉通线,用钢直尺检查 |

### 1.7.2 质量通病

一般抹灰的主要质量通病有：空鼓、开裂、起砂、倒泛水、污染等。质量通病总有其产生原因，如果能够清楚引起通病的真实原因，有的放矢，就能够事先预防质量通病的产生，避免不必要的损失。

1. 空鼓

粘贴层和基层（即被粘贴层）之间结合不牢固，叫空鼓，空鼓发生在楼地面、顶棚抹灰空鼓、内外墙抹灰空鼓，饰面块材空鼓。主要原因有：

（1）基层表面清理不干净，抹灰前未浇水湿润；

（2）抹灰砂浆强度低，灰浆稀，每层抹灰厚度大；

（3）门窗框两边塞灰不严，墙体预埋木砖距离过大或木砖松动；

（4）砂浆使用停放时间过长，失去流动性而凝结，二次加水拌和使用；

（5）混合砂浆上罩水泥砂浆（如踢脚板、墙裙护角等）时，混合砂浆没有清理干净；

（6）混凝土墙、柱、梁等构件上抹灰时未凿毛，也未抹浆，加气混凝土墙面抹底子灰前未抹浆。

对应其产生原因，空鼓的防治方法有：

1）将基层表面清洗干净，基层在抹灰前都要湿水充分；

2）要按施工配合比拌料，每层抹灰厚度不能大于1.5cm；

3）门窗框两边抹灰要严密，木砖间距合理，安装牢固；

4）砂浆要随拌随用；

5）踢脚板、墙裙、护角等处相接的混合砂浆要清除干净；

6）混凝土墙、柱、梁等构件上抹灰前要凿毛或抹浆，加气混凝土墙面抹底子灰前要抹浆，水泥砂浆抹灰必须浇水养护7d。

2. 抹灰层开裂，见图1-15。

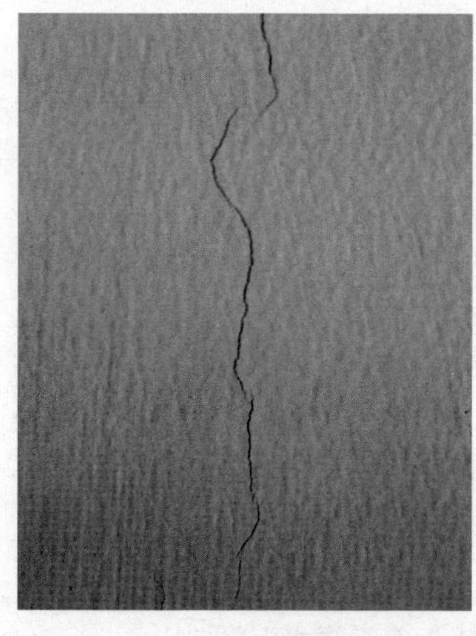

图1-15　抹灰层开裂

开裂主要原因有：

（1）墙体抹灰前2天内浇水不透；

（2）门窗框边有振动；

（3）砂浆放置时间过长导致二次拌合；

（4）砂浆太稀；

（5）砂浆中砂太细；

（6）抹灰时强风吹；

（7）一次性抹灰厚度偏大；

（8）预制板楼面，板与板之间灌缝不密实；

（9）空心砌块，加气砌块与混凝土构件（柱、梁、墙等）之间，抹灰前未挂钢丝网。

对应其产生原因，防治开裂的方法有：

1）抹灰前2天，将墙体浇水湿透；

2）门窗框边不能有振动，抹灰时要细心抹严实；

3）砂浆要随用随拌，不能超过水泥的初凝时间；

4）砂浆抹制要找施工配合比拌制；

5）砂浆中的骨料要用中砂，不要用细砂或泥砂；

6）抹灰时要避开强风；

7）一次性抹灰厚度不能大于 15mm；

8）预制顶板的板缝处在抹灰前要挂纤维绷带，灌缝严实；

9）空心砌块、加气砌块与混凝土构件之间，抹灰前要沿缝线挂 30cm 宽的钢丝网，见图 1-16。

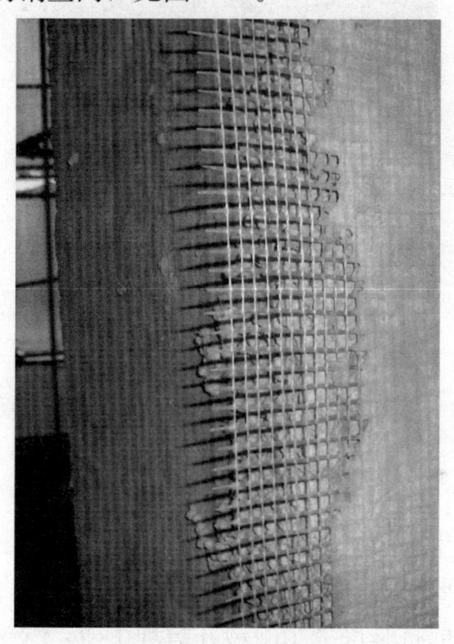

图 1-16　张挂钢丝网

3. 水泥砂浆墙、地面起砂

起砂是指砂浆表面粗糙，不坚实。走动或摩擦后，表面先有松散的水泥灰，用手摸时像干水泥面。随着走动次数的增多，砂粒逐渐松动或有成片水泥硬壳剥落，露出松散的水泥和砂子，见图 1-17。起砂的主要原因有：

（1）水泥质量不好（抗折强度低）；

（2）基层未浇水湿透，清理不干净；

（3）不按配合比拌制砂浆，水泥用量低；

（4）压实时用力不够，没压实；

（5）养护不适当，上人走动过早；

（6）冬期施工时，水泥砂浆受冻。

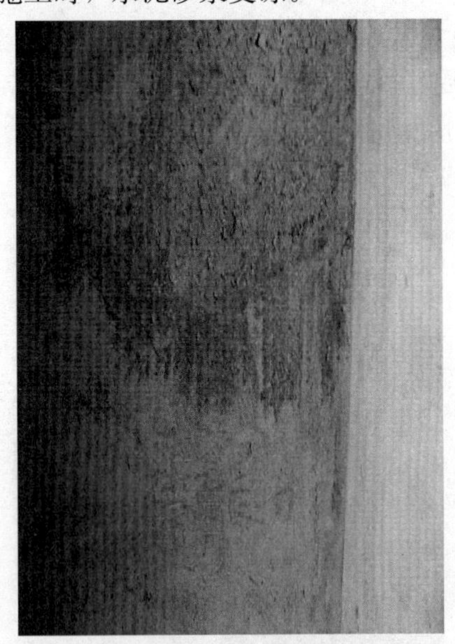

图 1-17　抹灰墙面起砂

对应其产生原因，防治方法有：

（1）水泥要送检合格才使用；

（2）抹灰前将基层浇水湿透并清理干净；

（3）按施工配合比拌制砂浆，不减少水泥用量；

（4）压实时抹灰工要用力搓动压实三遍以上：第一遍是随抹随搓；第二遍在水泥初凝后；第三遍在上人时无脚印或不明显脚印为宜；

（5）地面抹好 24h 后才能浇水养护，养护时间不少于 7d，设置防护设施，禁止过早上下走动加载；

（6）将门、窗封好，保持温度，不在 4℃及以下施工。用水泥浆抹面，或用 107 胶水泥浆分层涂抹。

4. 地面倒泛水、积水

地面倒泛水、积水的主要原因有：

（1）阳台（外走廊）、浴厕间的地面一般应比室内地面低 30～50mm，施工时疏忽造成地面积水；

（2）施工前，地面标高抄平弹线不准确，施工中未按规定的泛水坡度冲筋、刮平；

（3）浴厕间地漏安装过高，以致形成地漏四周积水；

（4）土建施工与管道安装施工不协调，或中途变更管线走向，使土建施工时预留的地漏位置不合安装要求，管道安装时另行凿洞，造成泛水方向不对。

对应其产生原因，防治积水的方法有：

（1）抹灰时要以地漏为中心向四周辐射冲筋，找好坡度，用刮尺刮平，抹面时注意不留洼坑；

（2）提醒水暖工安装地漏时，标高要稍低；

（3）抹灰与管道安装工要配合良好，减少凿洞。

5. 污染

抹灰面污染主要原因有：

（1）在窗台、雨篷、阳台、压顶、突出腰线等部位没有做好流水坡度或未做滴水槽，易发生存水顺墙流淌污染墙面，甚至造成墙体渗漏；

（2）因水泥碱性重，墙面泛白，俗称起盐碱。

对应其产生原因，防治污染的方法有：

（1）在窗台、阳台、压顶突出腰线等部位抹灰时，应做好流水坡度和滴水线槽，作为一道主要工序认真去做。滴水线槽一般做法为：深 10mm，上 7mm，下宽 10mm，距外表面不小于 20mm；

（2）外墙窗台抹灰前，窗框下缝隙必须用水泥砂浆填实，防止雨水渗漏；抹灰面应缩进窗框下 1～2cm，慢慢抹出泛水；

（3）避免使用矿渣水泥（火山灰质水泥）等碱性大的水泥，用普通硅酸盐水泥为宜。

# 第2章 装饰抹灰

## 2.1 拉毛灰的做法

拉毛灰是用铁抹子或木蟹，将罩面灰轻压后顺势拉起，形成一种凹凸质感很强的饰面层。拉细毛时用棕刷粘着灰浆拉成细的凹凸花纹，见图 2-1。

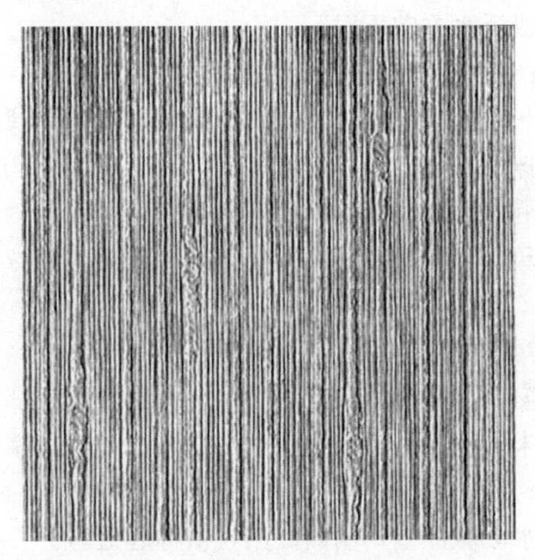

图 2-1 拉毛灰

拉毛灰的形式较多，如拉长毛、拉短毛、拉粗毛、拉细毛等。拉毛灰有吸声的功效，同时墙面落上灰尘后不易清理。拉毛灰的基体抹灰同一般抹灰，待中层灰六七成干时，然后抹面层拉毛。面层拉毛有如下几种做法：

（1）水泥石灰加纸筋拉毛：罩面灰采用纸筋灰拉毛时，其厚度根据拉毛的长短而定，一般为 4～20mm，一人在前面抹纸筋灰，另一人紧跟在后面用硬猪鬃刷往墙上垂直拍拉，拉起毛头，操作时用力要均匀，如个别地方拉出的毛不符合要求，可以补拉。配合比一般为：

粗毛：石灰砂浆∶石灰膏∶纸筋=1∶5%∶3%石灰膏；

中等毛：石灰砂浆∶石灰膏∶纸筋=1∶10%~20%石灰膏∶3%石灰膏；

细毛：石灰砂浆∶石灰膏∶砂子=1∶25%~30%石灰膏∶适量砂子。

(2) 水泥石灰砂浆拉毛：用水泥∶石灰膏∶砂子=1∶0.6∶0.9水泥砂浆拉毛时，用白麻缠成的圆形麻刷子，把砂浆在墙面上一点一带，带出毛疙瘩来。麻刷子的大小根据要做的拉毛图案大小确定。

(3) 纸筋石灰拉毛：用硬毛刷往墙上直接拍拉，拉出毛头。

拉毛施工时，避免中断留槎，做到色彩一致。拉粗毛时，用鬃刷粘着砂浆拉成花纹。

**2.1.1 材料及主要机具**

1. 水泥：采用42.5级普通硅酸盐水泥及32.5级矿渣硅酸盐水泥，应用同一批号的水泥。

2. 砂：中砂，过5mm孔径的筛子，其内不得含有草根、杂质等有机物质。

3. 掺合料：石灰膏、粉煤灰、磨细生石灰粉。如采用生石灰淋制石灰膏，其熟化时间不少于30d。如采用生白灰粉拌制砂浆，则熟化时间不少于3d。

4. 水：应用自来水或不含有害物质的洁净水。

5. 胶粘剂：108胶、聚醋酸乙烯乳液等。

6. 主要机具：搅拌机、铁板（拌灰用）、5mm筛子、铁锹、大平锹、小平锹、灰镐、灰勺、灰桶、铁抹子、木抹子、大杠、小杠、担子板、粉线包、小水桶、笤帚、钢筋卡子、手推车、胶皮水管、八字靠尺、分格条等。

**2.1.2 作业条件**

1. 结构工程全部完成，且经过结构验收达到合格。

2. 装修外架子必须根据拉毛施工的需要调整好步数及高度，

严禁在墙面上预留脚手眼及施工孔洞。

3. 常温施工时墙面必须提前浇水，并清理好墙面的尘土及污垢。

4. 抹灰前门窗框应提前装好，并检查安装位置及安装牢固程度，符合要求后，用1∶3水泥砂浆将门窗与墙体连接的缝隙塞实、堵严。若缝隙较大时，应在砂浆内掺少量麻刀嵌塞密实。铝合金门窗与墙体连接缝隙的处理，应按设计要求嵌填。

5. 阳台栏杆、挂衣铁件、墙上预埋设的管道、设备等，应提前安装好，将柱、梁等凸出墙面的混凝土剔平，凹处提前刷净，用水洇透后，用1∶3水泥砂浆或1∶1∶6混合砂浆分层补平。

6. 预制混凝土外墙板接缝处，应提前处理好，并检查空腔是否畅通，缝勾好后进行淋水试验，无渗漏方可进行下道工序。

7. 加气混凝土表面缺棱掉角需分层修补。做法是：先洇湿基层表面，刷掺用水量10%的108胶水泥浆一道，紧跟着抹1∶1∶6混合砂浆，每层厚度控制在5～7mm。

8. 拉毛灰大面积施工前，应先做样板，经鉴定并确定施工方法后，再组织施工。

9. 高层建筑应用经纬仪在大角两侧、门窗洞口两边、阳台两侧等部位打出垂直线，做好灰饼；多层建筑可用特制的大线坠从顶层开始，在大角两侧、门窗洞口两侧、阳台两侧吊出垂直线，做好灰饼。这些灰饼即为以后抹灰层的依据。

**2.1.3 施工工艺**

1. 工艺流程

根据灰饼冲筋→装档抹底层砂浆→养护→弹线、分格→粘分格条→抹拉毛灰→拉毛→起分格条→勾缝→养护→质量检查。

2. 操作要点

（1）基层为砖墙的操作方法：

1）根据已抹好的灰饼冲筋，要保证墙面的平整。底灰配合比常温施工为1∶0.5∶4或1∶0.2∶0.3∶4（混合砂浆，或水泥粉煤灰混合砂浆）。

2）分格、弹线，并按图纸要求粘分格条，特殊节点如窗台、阳台、碹脸等下面，应粘贴滴水条。

3）抹拉毛灰，其配合比是：水泥∶石灰膏∶砂＝1∶0.5∶0.5。抹拉毛灰前应对底灰进行浇水，且水量应适宜，墙面太湿，拉毛灰易发生往下坠流的现象；若底灰太干，不容易操作，毛也拉不均匀。

4）拉毛灰施工时，最好两人配合进行，一人在前面抹拉毛灰，另一人紧跟着用木抹子平稳地压在拉毛灰上，接着就顺势轻轻地拉起来，拉毛时用力要均匀，速度要一致，使毛显露大、小均匀。

5）修补完善：个别地方拉的毛不符合要求，可以补拉1～2次，一直到符合要求为止。

6）按以上操作拉出的毛有棱角且很分明，待稍干时再用抹子轻轻地将毛头压下去，使整个面层呈不连续的花纹。

7）要求拉毛有棱角还是呈不连续的花纹，应通过样板，并经设计、甲方、监理等方验收后，方可大面积施工。

（2）基层为混凝土墙的操作方法：打底要求同外墙抹水泥砂浆，面层拉毛做法同前。

（3）基层为加气混凝土墙的操作方法：打底要求同外墙抹水泥砂浆，面层拉毛方法同前。

（4）礼堂、影剧院、会议室等内墙面为了有良好的吸声效果，亦多采用拉毛墙面。做法如下：

1）纸罩灰拉毛的操作方法：

① 分层抹灰：根据不同的基体，采用不同的配合比，分层分步抹好底层砂浆。

② 罩面灰采用纸筋灰拉毛操作时，一人在前面抹纸筋灰（其厚度根据拉毛的长短而定），另一人紧跟在后边用硬猪鬃刷往墙上垂直拍拉，拉起毛头，操作时用力要均匀，使拉出的毛大小均匀，如个别地方拉出的毛不符合要求，可以补拉。

2）水泥石灰砂浆拉毛的操作方法：水泥石灰砂浆拉毛有水泥石灰砂浆和水泥石灰加纸筋砂浆拉毛两种。

① 底层砂浆操作方法同前。

② 水泥石灰砂浆拉毛时的罩面灰配合比应为1∶0.5∶1（水泥∶石灰膏∶砂），施工时两人配合进行，一人在前抹水泥石灰砂浆，另一人在后进行拉毛，拉毛时用麻刷子（直径根据拉毛疙瘩大小而定），在墙面上一点一带，拉出毛疙瘩，操作时要求用力一致。

3）水泥石灰加纸筋砂浆拉毛：罩面拉毛灰的配合比是水泥掺入适量石灰膏，拉粗毛时掺石灰膏重量3％的纸筋；拉细毛时掺25％～30％石灰膏和适量的砂子。

拉粗毛时，在底层灰上抹4～5mm厚的砂浆，用铁抹子轻触表面用力拉回。

拉中、细毛时可用铁抹子，也可用硬鬃刷拉起，要求色调一致、不露底。

### 2.1.4 质量问题及对策

1. 外墙拉毛颜色不均匀，原因是水泥标号、品种不统一，或不是同一批号的水泥；拉毛厚薄不一；拉毛长短不匀；拉毛灰配合比不准。要求外墙拉毛使用同品种、同强度等级、同批号、同时进场的水泥；由专人掌握砂浆配合比；拉毛时应由专人操作，使其施工手法一致，拉出的毛长度合适、均匀。

2. 拉毛接槎明显：外墙拉毛设计不要求分格；甩搓时没有规律随意乱甩；槎子处的拉毛层重叠。要求拉毛外墙施工应设分格条，槎子应甩在分格条或水落管后边不显眼的地方，不得随意乱甩槎。槎子处拉毛层应严格控制厚度，防止拉毛层重叠造成接槎明显，颜色加重。

3. 拉出的毛长度不匀，稀疏不均：操作者手法不够熟练，用力大小不均，应加强对操作者的培训和指导。

4. 二次修补接槎明显：墙上的预留孔洞及预留设备孔洞没提前堵好；设计变更造成二次剔凿。应加强检查把关，搞好工种之间的交接检，防止工种之间的不交接及互相损坏而造成的二次修补。

## 2.2 水刷石施工

水刷石制作过程是用水泥、石屑、小石子或颜料加水拌合，抹在建筑物表面，半凝固后，用硬毛刷蘸水刷去表面的水泥浆而使石屑或者小石子半露，见图 2-2。

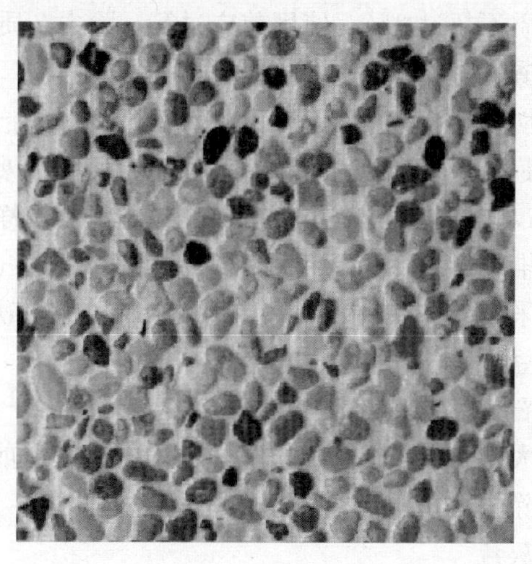

图 2-2 水刷石墙面

### 2.2.1 施工准备

1. 技术准备

（1）设计施工图、设计说明及其他设计文件已完成。

（2）施工方案已完成，并通过审核、批准。

（3）施工设计交底、施工技术交底（作业指导书）已签订完成。

2. 材料要求

（1）水泥

宜采用普通硅酸盐水泥或硅酸盐水泥，也可采用矿渣水泥、火山灰质水泥、粉煤灰水泥及复合水泥，彩色抹灰宜采用白色硅酸盐水泥。水泥强度等级宜采用32.5级颜色一致、同一批号、同一品种、同一强度等级、同一厂家生产的产品。

水泥进厂需对产品名称、代号、净含量、强度等级、生产许可证编号、生产地址、出厂编号、执行标准、日期等进行外观检查，同时验收合格证。

（2）砂子

宜采用粒径0.35～0.5mm的中砂。要求颗粒坚硬、洁净。含泥土等杂质不超过3%。使用前应过筛，除去杂质和泥块等。

（3）石渣

要求颗粒坚实、整齐、均匀、颜色一致，不含黏土及有机、有害物质。所使用的石渣规格、级配应符合规范和设计要求。一般中八厘为6mm，小八厘为4mm，使用前应用清水洗净，按不同规格、颜色分堆晾干后，用苫布苫盖或装袋堆放。施工采用彩色石渣时，要求采用同一品种、同一产地的产品，宜一次进货备足。

（4）小豆石

用小豆石、做水刷石墙面材料时，其粒径5～8mm为宜。其含泥量不大于1%，粒径要求坚硬、均匀。使用前宜过筛，筛去粉末，清除僵块，用清水洗净，晾干备用。

（5）石灰膏

宜采用熟化后的石灰膏。

（6）生石灰粉

石灰粉，使用前要将其焖透熟化，时间应不少于7d，使其充分熟化，使用时不得含有未熟化的颗粒和杂质。

（7）颜料

应采用耐碱性和耐光性较好的矿物质颜料，使用时应采用同一配比与水泥干拌均匀，装袋备用。

（8）胶粘剂

应符合国家规范标准要求，掺加量应通过试验。

**2.2.2 主要机具**

（1）砂浆搅拌机：可根据现场情况选用适应的机型。

（2）手推车：室内抹灰时宜采用窄式卧斗或翻斗式，室外可根据使用情况选择窄式或普通式。无论采用哪种形式，其车轮宜采用胶轮胎或充气胶轮胎，不宜采用硬质轮胎。

（3）主要工具：水压泵（可根据施工情况确定数量）、喷雾器、喷雾器软胶管（根据喷嘴大小确定口径）、铁锹、筛子、木杠（大小）、钢卷尺（标、验）、线坠、画线笔、方口尺（标、验）、水平尺（标、验）、水桶（大小）、小压子、铁溜子、钢丝刷、托线板、粉线袋、钳子、钻子、（尖、扁）、笤帚、木抹子、软（硬）毛刷、灰勺、铁板、铁抹子、托灰板、灰槽、小线、钉子、胶鞋等。

标：指检验合格后进行的标识。验：指量具在使用前应进行检验合格。

**2.2.3 作业条件**

1. 抹灰工程的施工图、设计说明及其他设计文件已完成。

2. 主体结构应经过相关单位（建筑单位、施工单位、监理单位、设计单位）检验合格。

3. 抹灰前按施工要求搭好双排外架子或桥式架子，如果采用吊篮架子时必须满足安装要求，架子距墙面 20～25cm，以保证操作，墙面不应留有临时孔洞，架子必须经安全部门验收合格后方可开始抹灰。

4. 抹灰前应检查门窗框安装位置是否正确固定牢固，并用1∶3 水泥砂浆将门窗口缝堵塞严密，对抹灰墙面预留孔洞、预埋穿管等已处理完毕。

5. 将混凝土过梁、梁垫、圈梁、混凝土柱、梁等表面凸出部分剔平，将蜂窝、麻面、露筋、疏松部分剔到实处，然后用1∶3 的水泥砂浆分层抹平。

6. 抹灰基层表面的油渍、灰尘、污垢等应清除干净，墙面提前浇水均匀湿透。

7. 抹灰前应先熟悉图纸、设计说明及其他文件，制定方案要求，做好技术交底，确定配合比和施工工艺，责成专人统一配料，并把好配合比关。按要求做好施工样板，经相关部门检验合格后，方可大面积施工。

**2.2.4 材料和质量要点**

1. 材料关键要求

(1) 水泥：使用前或出厂日期超过三个月必须复验，合格后方可使用。不同品种、不同强度等级的水泥不得混合使用。

(2) 所使用胶粘剂必须符合环保产品要求。

(3) 颜料：应选用耐碱、耐光的矿物性颜料。

(4) 砂：要求颗粒坚硬、洁净，含泥量不大于3%。

(5) 进入施工现场的材料应按相关标准规定要求进行检验。

2. 技术关键要求

(1) 分格要符合设计要求，粘条时要顺序粘在分格线的同一侧。

(2) 抹灰前要对基体进行处理检查，并做好隐蔽工程验收记录。

(3) 配置砂浆时，材料配比应用计量器具，不得采用估量法。

(4) 喷刷水刷石面层时，要正确掌握喷水时间和喷头角度。

3. 质量关键要求

(1) 注意防止水刷石墙面出现石子不均匀或脱落，表面混浊、不清晰。

1) 石渣使用前应冲洗干净。

2) 分格条应在分格线同一侧贴牢。

3) 掌握好水刷石冲洗时间，不宜过早或过迟，喷洗要均匀，冲洗不宜过快或过慢。

4) 掌握喷刷石子深度，一般使石粒露出表面1/3为宜。

(2) 注意防止水刷石面层出现空鼓、裂缝。

1) 待底层灰至六七成干时再开始抹面层石渣灰，抹前如底层灰干燥，应浇水均匀润湿。

2) 抹面层石渣灰前应满刮一道胶粘剂素水泥浆，注意不要有漏刮处。

3）抹好石渣灰后应轻轻拍压，使其密实。

（3）注意防止阴阳角不垂直，出现黑边。

1）抹阳角时，要使石渣灰浆接槎正交在阳角的尖角处。

2）阳角卡靠尺时，要比上段已抹完的阳角高出12mm。

3）喷洗阳角时要骑角喷洗，并注意喷水角度，同时喷水速度要均匀。

4）抹阳角时先弹好垂直线，然后根据弹线确定的厚度为依据抹阳角石渣灰。同时，掌握喷洗时间和喷水角度，特别注意喷刷深度。

（4）注意防止水刷石与散水、腰线等接触部位出现烂根。

1）应将接触的平面基层表面浮灰及杂物清理干净。

2）抹根部石渣灰浆时，注意认真抹压密实。

（5）注意防止水刷石墙面留槎混乱，影响整体效果。

1）水刷石槎应留在分格条缝或水落管后边或独立装饰部分的边缘。

2）不得将槎留在分格块中间部位。

**2.2.5 施工工艺**

1. 工艺流程

堵门窗口缝→基层处理→浇水湿润墙面→吊垂直、套方、找规矩、抹灰饼、冲筋→分层抹底层砂浆→分格弹线、粘分格条→做滴水线条→抹面层石渣浆→修整、赶实压光、喷刷→起分格条、勾缝→养护。

2. 操作工艺

（1）堵门窗口缝

抹灰前检查门窗口位置是否符合设计要求，安装牢固，四周缝按设计及规范要求已填塞完成，然后用1∶3水泥砂浆塞实抹严。

（2）基层清理

1）混凝土墙基层处理：凿毛处理，用钢钻子将混凝土墙面均匀凿出麻面，并将板面酥松部分剔除干净，用钢丝刷将粉尘刷掉，用清水冲洗干净，然后浇水湿润。

清洗处理：用10%的火碱水将混凝土表面油污及污垢清刷除净，然后用清水冲洗晾干，采用涂刷素水泥浆或混凝土界面剂等处理方法均可。如采用混凝土界面剂施工时，应按所使用产品要求使用。

2）砖墙基层处理

抹灰前需将基层上的尘土、污垢、灰尘、残留砂浆、舌头灰等清除干净。

（3）浇水湿润

基层处理完后，要认真浇水湿润，浇水时应将墙面清扫干净，浇透浇均匀。

（4）吊垂直、套方、找规矩、做灰饼、冲筋

根据建筑高度确定放线方法，高层建筑可利用墙大角、门窗口两边，用经纬仪打直线找垂直。多层建筑时，可从顶层用大线坠吊垂直，绷铁丝找规矩，横向水平线可依据楼层标高或施工＋50cm线为水平基准线交圈控制，然后按抹灰操作层抹灰饼，做灰饼时应注意横竖交圈，以便操作。每层抹灰时则以灰饼做基准冲筋，使其保证横平竖直。

（5）分层抹底层砂浆

混凝土墙：先刷一道胶粘性素水泥浆，然后用1∶3水泥砂浆分层装档抹与筋平，然后用木杠刮平，木抹子搓毛或花纹。

砖墙：抹1∶3水泥砂浆，在常温时可用1∶0.5∶4混合砂浆打底，抹灰时以冲筋为准，控制抹灰层厚度，分层分遍装档与冲筋抹平，用木杠刮平，然后木抹子搓毛或花纹。底层灰完成24h后应浇水养护。抹头遍灰时，应用力将砂浆挤入砖缝内使其粘结牢固。

（6）弹线分格、粘分格条

根据图纸要求弹线分格、粘分格条，分格条宜采用红松制作，粘前应用水充分浸透，粘时在条两侧用素水泥浆抹成45°八

字坡形，粘分格条时注意竖条应粘在所弹立线的同一侧，防止左右乱粘，出现分格不均匀，条粘好后待底层灰呈七八成干后可抹面层灰。

（7）做滴水线

在抹檐口、窗台、窗眉、阳台、雨篷、压顶和突出墙面的腰线以及装饰凸线等时，应将其上面做成向外的流水坡度，严禁出现倒坡。下面做滴水线（槽）。窗台上面的抹灰层应深入窗框下坎裁口内，堵密实。流水坡度及滴水线（槽）距外表面不小于4cm，滴水线深度和宽度一般不小于10mm，应保证其坡度方向正确。

抹滴水线（槽）应先抹立面，后抹顶面，再抹底面。分格条在其面层灰抹好后即可拆除。采用“隔夜”拆条法时，须待面层砂浆达到适当强度后方可拆除。滴水线做法同水泥砂浆抹灰做法。

（8）抹面层石渣浆

待底层灰六七成干时，首先将墙面润湿涂刷一层胶粘性素水泥浆，然后开始用钢抹子抹面层石渣浆。自下往上分两遍与分格条抹平，并及时用靠尺或小杠检查平整度（抹石渣层高于分格条1mm为宜），有坑凹处要及时填补，边抹边拍打、揉平。

（9）修整、赶实压光、喷刷

将抹好在分格条块内的石渣浆面层拍平、压实，并将内部的水泥浆挤压出来，压实后尽量保证石渣大面朝上，再用铁抹子溜光、压实，反复3～4遍。拍压时特别要注意阴阳角部位石渣饱满，以免出现黑边。待面层初凝时（指捺无痕），用水刷子刷不掉石粒为宜。然后，开始刷洗面层水泥浆，喷刷分两遍进行，第一遍先用毛刷蘸水刷掉面层水泥浆，露出石粒，第二遍紧随其后用喷雾器将四周相邻部位喷湿，接着自上而下顺序喷水冲洗，喷头一般距墙面10～20cm，喷刷要均匀，使石子露出表面1～2mm为宜。最后，用水壶从上往下将石渣表面冲洗干净，冲洗时不宜过快，同时注意避开大风天，以避免造成墙面污染发花。

若使用白水泥砂浆做水刷石墙面时，最后喷刷时可用草酸稀释液冲洗一遍，再用清水洗一遍，墙面更显洁净、美观。

（10）起分格条、勾缝

喷刷完成后，待墙面水分控干后，小心地将分格条取出，然后根据要求用线抹子将分格缝溜平抹顺直。

（11）养护

待面层达到一定强度后，可喷水养护防止脱水、收缩造成空鼓、开裂。

（12）阳台、雨罩、门窗碹脸部位做法

门窗碹脸、窗台、阳台、雨罩等部位水刷石施工时，应先做小面，后做大面，刷石喷水应由外往里喷刷，最后用水壶冲洗，以保证大面的清洁、美观。檐口、窗台、碹脸、阳台、雨罩等底面应做滴水槽、滴水线（槽）应做成上宽 7mm、下宽 10mm、深 10mm 的木条，便于抹灰时木条容易取出，保持棱角不受损坏。滴水线距外皮不应小于 4cm，且应顺直。当大面积墙面做水刷石一天不能完成时，在继续施工冲刷新活前，应将前面做的刷石用水淋湿，以防喷刷时粘上水泥浆后便于清洗，防止对原墙面造成污染。施工槎应留在分格缝上。

## 2.3 干粘石施工

干粘石是指在墙面粗糙的基层上抹上纯水泥浆，散小石子并用工具将石子压入水泥浆里，做出来的装饰面就是干粘石，见图 2-3、图 2-4。

### 2.3.1 施工准备

1. 技术准备

（1）设计施工图、设计说明及其他设计文件已完成。

（2）施工方案已完成，并通过审核、批准。

（3）施工设计交底、施工技术交底（作业指导书）已签订完成。

2. 材料要求

图 2-3　干粘石墙面

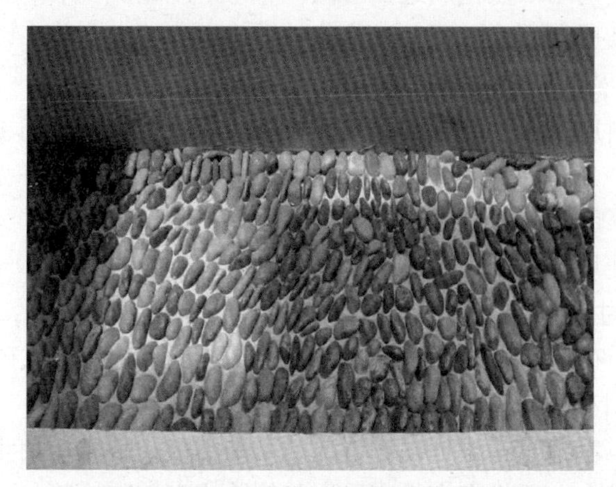

图 2-4　干粘石路面

（1）水泥

宜采用 42.5 级普通硅酸盐水泥、硅酸盐水泥或白水泥，要求使用同一批号、同一品种、同一生产厂家、同一颜色的产品。

水泥进厂需对产品名称、代号、净含量、强度等级、生产许可证编号、生产地址、出厂编号、执行标准、日期等进行外观检查，同时验收合格证。

（2）砂

宜采用中砂。要求颗粒坚硬、洁净。含泥量小于3%，使用前应过筛，筛好备用。

（3）石渣

所选用的石渣品种、规格、颜色应符合设计规定。要求颗粒坚硬，不含泥土、软片、碱质及其他有害有机物等。使用前应用清水洗净晾干，按颜色、品种分类堆放，并加以保护。

（4）石灰膏

石灰膏不得含有未熟化的颗粒和杂质。要求使用前进行熟化，时间不少于30d，质地应洁白、细腻。

（5）磨细石灰粉

使用前用水熟化焖透，时间应7d以上，不得含有未熟化的颗粒和杂质。

（6）颜料

颜料应采用耐碱性和耐光性较好的矿物质颜料，进场后要经过检验，其品种、货源、数量要一次进够。

（8）胶粘剂

所使用胶粘剂必须符合国家环保质量要求。

**2.3.2　主要机具**

（1）砂浆搅拌机：可根据现场使用情况选择强制式砂浆搅拌机或利用小型鼓筒式混凝土搅拌机等。

（2）手推车：根据现场情况，可采用窄式卧斗、翻斗式或普通式手推车。手推车车轮宜采用胶轮胎或充气胶轮胎，不宜采用硬质胎轮手推车。

（3）主要工具：磅秤、筛子、水桶（大小）、铁板、喷壶、铁锹、灰槽、灰勺、托灰板、水勺、木抹子、铁抹子、钢丝刷、钢卷尺（标、验）、水平尺（标、验）、方尺（标、验）、靠尺（标、验）、笤帚、米厘条、木杠、施工小线、粉线包、线坠、钢筋卡子、钉子、小塑料碗子、小压子、接石渣筛、拍板。

标：指检验合格后进行的标识；验：指量具在使用前应进行检验合格。

### 2.3.3 作业条件

1. 主体结构必须经过相关单位（建设单位、施工单位、监理单位、设计单位）检验合格，并已验收。

2. 抹灰工程的施工图、设计说明及其他设计文件已完成。施工作业指导书（技术交底）已完成。

3. 施工所使用的架子已搭好，并已经过安全部门验收合格。架子距墙面应保持20～25cm，操作面脚手板宜满铺，距墙空档处应放接落石子的小筛子。

4. 门窗口位置正确，安装牢固并已采取保护。预留孔洞、预埋件等位置尺寸符合设计要求。

5. 墙面基层以及混凝土过梁、梁垫、圈梁、混凝土柱、梁等表面凸出部分剔平，表面已处理完成，坑凹部分已按要求补平。

6. 施工前根据要求应做好施工样板，并经过相关部门检验合格。

### 2.3.4 材料和质量要点

1. 材料关键要求

（1）水泥：进场或出厂日期超过三个月必须进行复验，合格后方可使用。复验由相关单位见证取样。

（2）砂：要求颗粒坚硬，洁净，含泥量小于3%。

（3）石渣：要求颗粒坚硬，不含泥土、软片，碱质及其他有害物质及有机物等。使用前应用清水洗净晾干。

（4）胶粘剂：采用水溶性胶粘剂，掺加量应经过试验确定。

2. 技术关键要求

（1）抹灰前应认真将基层清理干净，坚持“工序交接检验”制度。

（2）粘分格条时注意粘在竖线的同一侧，分格要符合设计要求。

（3）甩石子时注意甩板与墙面保持垂直，甩时用力均匀。

（4）各层间抹灰不宜跟得太紧，底层灰七八成干时再抹上一层，注意抹面层灰前应将底层均匀润湿。

3. 质量关键要求

（1）注意防止干粘石面层不平，表面出现坑洼，颜色不一致。

1）施工前石渣必须过筛，去掉杂质，保证石粒均匀，并用清水冲洗干净。

2）底灰不要抹的太厚，避免出现坑洼现象。

3）甩石渣时要掌握好力度，不可硬砸、硬甩，应用力均匀。

4）面层石渣灰厚度控制在 8～10mm 为宜，并保证石渣浆的稠度合适。

5）甩完石渣后，待灰浆内的水分洇到石渣表面用抹子轻轻将石渣压入灰层，不可用力过猛，造成局部返浆，形成面层颜色不一致。

（2）注意防止粘石面层出现石渣不均匀和部分露灰层，造成表面花感。

1）操作时将石渣均匀用力甩在灰层上，然后用抹子轻拍使石渣进入灰层 1/2，外留 1/2，使其牢固，表面美观。

2）合理采用石渣浆配合比，最好选择掺入即能增加强度，又能延缓初凝时间的外加剂，以便于操作。

3）注意天气变化，遇有大风或雨天应采取保护措施或停止施工。

（3）注意防止干粘石出现开裂、空鼓。

1）根据不同的基体采取不同的处理方法，基层处理必须到位。

2）抹灰前基层表面应刷一道胶凝性素水泥浆，分层抹灰，每层厚度控制在 5～7mm 为宜。

3）每层抹灰前应将基层均匀浇水润湿。

4）冬季施工应采取防冻保温措施。

（4）注意防止干粘石面层接槎明显、有滑坠。

1）面层灰抹后应立即甩粘石渣。

2）遇有大块分格，事先计划好，最好一次做完一块分格块，中间避免留槎。

3）施工脚手架搭设要考虑分格块操作因素，应满足格块粘石操作合适而分步搭设架子。

4）施工前熟悉图纸，确定施工方案，避免分格不合理，造成操作困难。

（5）注意防止干粘石面出现棱角不通顺和黑边现象。

1）抹灰前应严格按工艺标准，根据建筑物情况整体吊垂直、套方、找规矩、做灰饼、冲筋，不得采用一楼层或一步架分段施工的方法。

2）分格条要充分浸水泡透，抹面层灰时应先抹中间，再抹分格条四周，并及时甩粘石渣，确保分格条侧面灰层未干时甩粘石渣，使其饱满、均匀、粘结牢固、分格清晰美观。

3）阳角粘石起尺时动作要轻缓，抹大面边角粘结层时要特别细心的操作，防止操作不当碰损棱角。当拍好小面石渣后应当立即起卡，在灰缝处撒些小石渣，用钢抹子轻轻拍压平直。如果灰缝处稍干，可淋少许水，随后粘小石渣，即可防止出现黑边。

（6）注意防止干粘石面出现抹痕。

1）根据不同基体掌握好浇水量。

2）面层灰浆稠度配合比要合理，使其干稀适合。

3）甩粘面层石渣时要掌握好时间，随粘随拍平。

（7）注意防止分格条、滴水线（槽）不清晰、起条后不勾缝。

1）施工操作前要认真做好技术交底，签发作业指导书。

2）坚持施工过程管理制度，加强过程检查、验收。

**2.3.5 施工工艺**

工艺流程：

基层处理→吊垂直、套方、找规矩、抹灰饼、冲筋→抹底层砂浆→分格弹线、粘分格条→抹面层石渣灰→浇水养护→弹线分条块→面层斩垛（垛石）。

1. 操作工艺

（1）基层处理

1）砖墙基层处理：

抹灰前需将基层上的尘土、污垢、灰尘等清除干净，并浇水均匀湿润。

2）混凝土墙基层处理：

凿毛处理：用钢钻子将混凝土墙面均匀凿出麻面，并将板面酥松部分剔除干净，用钢丝刷将粉尘刷掉，用清水冲洗干净，然后浇水均匀湿润。

清洗处理：用10%的火碱水将混凝土表面油污及污垢清刷除净，然后用清水冲洗晾干，刷一道胶黏性素水泥浆。或涂刷混凝土界面剂等方法均可。如采用混凝土界面剂施工时应按产品要求使用。

（2）吊垂直、套方、找规矩

当建筑物为高层时，可用经纬仪利用墙大角、门窗两边打直线找垂直。建筑为多层时，应从顶层开始用特制大线坠吊垂直，绷铁丝找规矩，横向水平线可按楼层标高或施工＋50cm线为水平基准交圈控制。

（3）做灰饼、冲筋

根据垂直线在墙面的阴阳角、窗台两侧、柱、垛等部位做灰饼，并在窗口上下弹水平线，灰饼要横竖垂直交圈。然后根据灰饼冲筋。

（4）抹底层、中层砂浆

用1∶3水泥砂浆抹底灰，分层抹与冲筋平，用木杠刮平木抹子压实、搓毛。待终凝后浇水养护。

（5）弹线分格、粘分格条

根据设计图纸要求弹出分格线，然后粘分格条，分格条使用前要用水浸透，粘时在条两侧用素水泥浆抹成45°八字坡形，粘分格条应注意粘在所弹立线的同一侧，防止左右乱粘，出现分格不均匀。弹线、分格应设专人负责，以保证分格符合设计要求。

（6）抹粘结层砂浆

为保证粘结层粘石质量，抹灰前应用水湿润墙面，粘结层厚度以所使用石子粒径确定，抹灰时如果底面湿润有干的过快的部位应再补水湿润，然后抹粘结层。抹粘结层宜采用两遍抹成，第一道用同强度等级水泥素浆薄刮一遍，保证结合层粘牢，第二遍抹聚合物水泥砂浆。然后用靠尺测试，严格按照高刮低添的原则操作，否则，易使面层出现大小波浪造成表面不平整影响美观。在抹粘结层时宜使上下灰层厚度不同，并不宜高于分格条，最好是在下部约 1/3 高度范围内比上面薄些。整个分格块面层比分格条低 1mm 左右，石子撒上压实后，不但可保证平整度，且条边整齐，而且可避免下部出现鼓包皱皮现象。

（7）撒石粒（甩石子）

当抹完粘结层后，紧跟其后一手拿装石子的托盘，一手用木拍板向粘结层甩粘石子。要求甩严、甩均匀，并用托盘接住掉下来的石粒，甩完后随即用钢抹子将石子均匀地拍入粘结层，石子嵌入砂浆的深度应不小于粒径的 1/2 为宜。并应拍实、拍严。操作时要先甩两边，后甩中间，从上至下快速均匀地进行，甩出的动作应快，用力均匀，不使石子下溜，并应保证左右搭接紧密，石粒均匀，甩石粒时要使拍板与墙面垂直平行，让石子垂直嵌入粘结层内，如果甩时偏上偏下、偏左偏右则效果不佳，石粒浪费也大，甩出用力过大会使石粒陷入太紧形成凹陷，用力过小则石粒粘结不牢，出现空白不宜添补，动作慢则会造成部分不合格，修整后宜出接槎痕迹和“花脸”。阳角甩石粒，可将薄靠尺粘在阳角一边，选做邻面干粘石，然后取下薄靠尺抹上水泥腻子，一手持短靠尺在已做好的邻面上一手甩石子并用钢抹子轻轻拍平、拍直，使棱角挺直。

门窗碹脸、阳台、雨罩等部位应留置滴水槽，其宽度深度应满足设计要求。粘石时应先做好小面，后做大面。

（8）拍平、修整、处理黑边

拍平、修整要在水泥初凝前进行，先拍压边缘，而后中间，拍压要轻、重结合、均匀一致。拍压完成后，应对已粘石面层进行检查，发现阴阳角不顺挺直，表面不平整、黑边等问题，及时处理。

(9) 起条、勾缝

前工序全部完成，检查无误后，随即将分格条、滴水线条取出，取分格条时要认真小心，防止将边棱碰损，分格条起出后用抹子轻轻地按一下粘石面层，以防拉起面层造成空鼓现象。然后待水泥达到初凝强度后，用素水泥膏勾缝。格缝要保持平顺挺直、颜色一致。

(10) 喷水养护

粘石面层完成后常温 24h 后喷水养护，养护期不少于 2～3d，夏日阳光强烈，气温较高时，应适当遮阳，避免阳光直射，并适当增加喷水次数，以保证工程质量。

## 2.4 水磨石施工

水磨石也称磨石子，是将碎石拌入水泥制成混凝土制品后表面磨光的制品，常用来做地砖、台面、水槽等制品。见图 2-5。

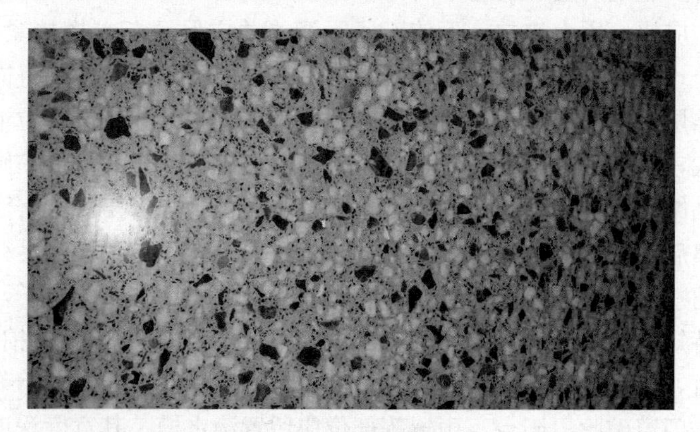

图 2-5 水磨石地面

### 2.4.1 材料及主要机具

1. 水泥：白色或浅色的水磨石面层，应采用白水泥，深色的水磨石面层，宜采用硅酸盐水泥、普通硅酸盐水泥或矿渣硅酸盐水泥，其标号不应小于 42.5。同颜色的面层应使用同一批水泥。

2. 矿物颜料：水泥中掺入的颜料应采用耐光、耐碱的矿物颜料，不得使用酸性颜料。其掺入量宜为水泥重量的 3%～6%，或由试验确定。同一彩色面层应使用同厂，同批的颜料。

3. 石粒：应采用坚硬可磨的白云石、大理石等岩石加工而成，石料应洁净无杂物，其粒径除特殊要求外，宜为 4～14mm。

4. 分格条

(1) 玻璃条：平板普通玻璃裁制而成，3mm 厚，一般 10mm 宽（根据面层厚度而定），长度以分块尺寸而定。

(2) 铜条：1～2mm 厚铜板裁成 10mm 宽（还要根据面层厚度而定），长度以分格尺寸而定，用前必须调直调平。

5. 砂：中砂，过 8mm 孔径的筛子，含泥量不得大于 3%。

6. 草酸：块状、粉状均可，用前用水稀释。

7. 白蜡及 22 号铅丝。

8. 主要机具：水磨石机、滚筒（直径一般 200～250mm，长约 600～700mm，混凝土或铁制）、木抹子、毛刷子、铁簸箕、靠尺、手推车、平锹、5mm 孔径筛子、油石（规格按粗、中、细）、胶皮水管、大小水桶、扫帚、钢丝刷、铁器等。

### 2.4.2 作业条件

1. 顶棚、墙面抹灰已完成并已验收，屋面已做完防水层。

2. 安装好门框并加防护，与地面有关的水、电管线已安装就位，穿过地面的管洞已堵严、堵实。

3. 做完地面垫层，按标高留出磨石层厚度（至少 3cm）。

4. 石粒应分别过筛，并洗净无杂物。

### 2.4.3 施工工艺

基层处理→找标高弹线→抹找平层→弹分格线→镶嵌分隔条→刷涂结合层→铺抹石粒浆→滚压、抹平→水磨→出光酸洗→上蜡。

### 2.4.4 操作要点

（1）基层处理。底层回填土要分层回填夯实，并按设计要求作砂土、灰土、碎砖三合土或混凝土垫层，楼板要清除浮灰、油渍、杂质，光滑面要凿毛，使基层表面粗糙、洁净而湿润。

（2）找标高弹线。根据墙面上的＋50cm 标高线往下测出水磨石面层标高，弹在四周墙上，并考虑其他房间和通道面层的标高，要相互一致。

（3）抹找平层。根据墙上弹出的水平线，留出面层厚度（10～15mm），抹 1∶3（水灰比为 0.4～0.5）水泥砂浆找平层。

（4）弹分格线。根据设计要求的分格尺寸（一般采用 1m×1m），在房间中部弹十字线，计算好周边的镶边宽度后，以十字线为准可弹分格线。如设计有图案要求时，应按设计要求弹出清晰的线条。

（5）镶嵌分格条。按设计要求选用分格条，分格条（铜条、铝条、玻璃条）高度通常为 10～12mm，应先调直，将分格条紧靠托线板，然后在其另一侧抹水泥浆固定。抹好后，将托线板移开，这一侧也同样抹水泥浆见图 2-6、图 2-7。

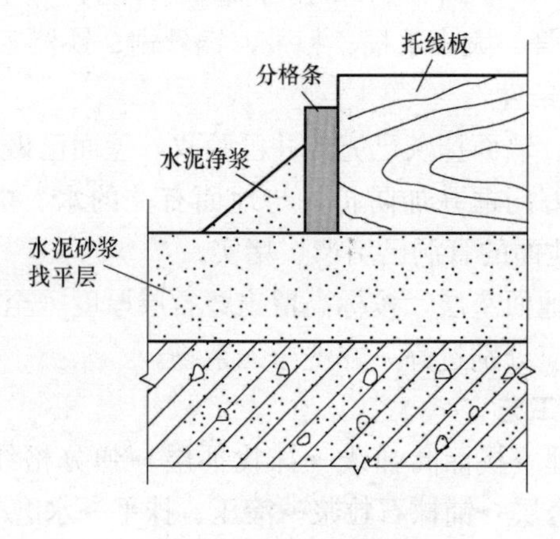


图 2-6　镶嵌分格条

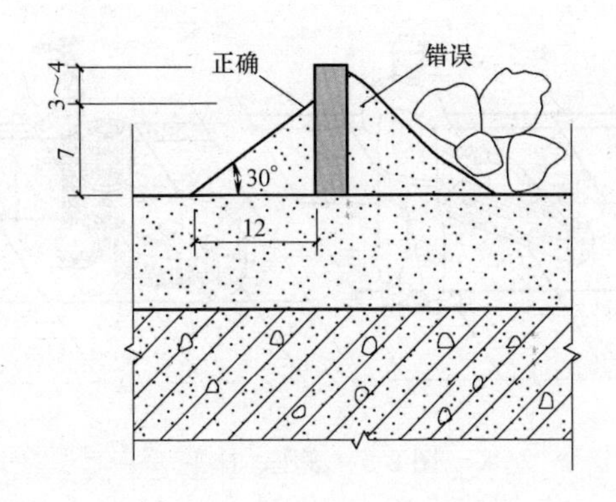


图 2-7　分格缝两侧水泥浆抹法

(6) 刷涂结合层。分格条粘嵌养护后，清积水浮砂，用清水将找平层洒水湿润，涂刷与面层颜色相同的水泥浆结合层，其水灰比为 0.4～0.5，要刷均匀，亦可在水泥浆内掺加胶粘剂，随刷随铺拌合料，铺刷的面积不宜过大，防止浆层风干导致面层空鼓。

(7) 铺抹石粒浆。在选定的灰石比内取出 20%的石粒，作撒石用。取用已准备好的彩色水泥粉料和石料，干拌两三遍后，加水拌，水的重量约占干料（水泥、颜色、石粒）总重的11%～12%，石粒浆坍落度以 6cm 为宜，将拌合均匀的石粒浆按分格顺序进行铺设，其厚度应高出分格条 1～2mm，以防滚压时压弯铜条或压碎玻璃条。

(8) 滚压、抹平

用滚筒滚压时用力要匀（要随时清掉粘在滚筒上的石子，应从横竖两个方向轮换进行，达到表面平整密实），要滚压 2 次。第 1 次滚压如发现石粒不均匀之处，应补石粒浆再用铁抹子拍平、压实。3h 以后第 2 次滚压，至水泥砂浆全部压出为止，待石粒浆稍收水后，再用铁抹子将浆抹平、压实。24h 后浇水养护，养护 5～7d，低温应养护 10d 以上，见图 2-8。

(9) 水磨

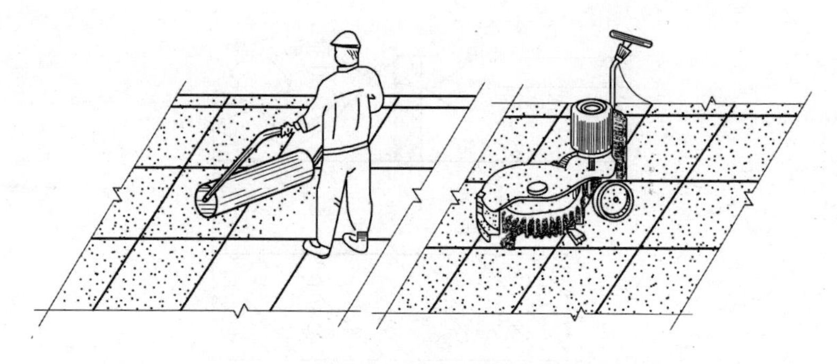

图 2-8　滚压、抹平

一般根据气温情况确定养护天数，过早开磨石粒易松动，过迟开磨造成磨光困难。所以需进行试磨，以面层不掉石料为准，见图 2-9。

图 2-9　水磨施工

水磨石开磨时间参见表 2-1。

（10）出光酸洗。可使用 10％浓度的草酸溶液，再加入 1％～2％的氧化铝。涂草酸溶液一遍后，可用 280～320 号油石研磨至出白浆，表面光滑为止，再用水冲洗并晾干。

水磨石地面开磨时间参考表　　表 2-1

| 方式 | 温度(℃) | | |
| --- | --- | --- | --- |
| | 5～10 | 10～20 | 20～30 |
| 机械磨光(d) | 5～6 | 3～4 | 2～3 |
| 人工磨光(d) | 2～3 | 1.5～2.5 | 1～2 |

注：天数（d）以水磨石压实抹光完成起算。

（11）打蜡。在水磨石面层上薄薄涂一层糊状蜡，3～4h（稍干后）用磨石机扩垫麻袋或麻绳研磨，也可用钉有细帆布（或麻布）的木块代替油石，装在磨石机上研磨出光亮后，再人工涂蜡研磨一遍。

### 2.4.5　质量问题及对策

1. 分格条折断，显露不清晰：主要原因是分格条镶嵌不牢固（或未低于面层），液压前未用铁抹子拍打分格条两侧，在滚筒滚压过程中，分格条被压弯或压碎。因此为防止此现象发生，必须在滚压前将分格条两边的石子轻轻拍实。

2. 分格条交接处四角无石粒：主要是粘结分格条时，稠水泥浆应粘成30°角，分格条顶距水泥浆4～6mm，同时在分格条交接处，粘结浆不得抹到端头，要留有抹拌合料的孔隙。

3. 水磨石面层有洞眼、孔隙：水磨石面层机磨后总有些洞孔发生，一般均用补浆方法，即磨光后用清水冲干净，用较浓的水泥浆（如彩色磨石面时，应用同颜色颜料加水泥擦抹）将洞眼擦抹密实，待硬化后磨光；普通水磨石面层用“二浆三磨”法，即整个过程磨光三次擦浆二次。如果为图省事少擦抹一次，或用扫帚扫而不是擦抹或用稀浆等，都易造成面层有小孔洞（另外由于擦浆后未硬化就进行磨光，也易把洞孔中灰浆磨掉）。

4. 面层石粒不匀、不显露：主要是石子规格不好，石粒未清洗，铺拌合料时用刮尺刮平时将石粒埋在灰浆内，导致石粒不匀等现象。

# 第3章　普通内墙镶贴工程

## 3.1　施工条件准备

（1）墙顶抹灰完毕，做好墙面防水层、保护层和地面防水层、混凝土垫层。

（2）搭设双排架子或钉高马凳，横竖杆及马凳端头应离开墙面和门窗角150～200mm。架子的步高和马凳高、长度要符合施工要求和安全操作规程。

（3）安装好门窗框扇，隐蔽部位的防腐、填嵌应处理好，并用1∶3水泥砂浆将门窗框、洞口缝隙塞严实，铝合金、塑料门窗、不锈钢门等框边缝所用嵌塞材料及密封材料应符合设计要求，且应塞堵密实，并事先粘贴好保护膜。

（4）脸盆架、镜卡、管卡、水箱、煤气等应埋设好防腐木砖、位置正确。

（5）按面砖的尺寸、颜色进行选砖，并分类存放备用。

（6）统一弹出墙面上＋50cm水平线，大面积施工前应先放大样，并做出样板墙，确定施工工艺及操作要点，并向施工人员做交底工作。样板墙完成后必须经质检部门鉴定合格后，还要经过设计、甲方和施工单位共同认定验收，方可组织班组按照样板墙壁要求施工。

（7）安装系统管、线、盒等安装完并验收。

（8）室内温度应在5℃以上。

## 3.2　施工工艺

基层处理→吊垂直、套方、找规矩→贴灰饼→抹底层砂浆→弹线分格→排砖→浸砖→镶贴面砖→面砖勾缝及擦缝。

## 3.3 墙面基层处理

混凝土墙面基层处理：将凸出墙面的混凝土剔平，对基体混凝土表面很光滑的要凿毛，或用可掺界面剂胶的水泥细浆做小拉毛墙，也可刷界面剂、并浇水湿润基层。

砌体墙基层处理：抹灰前需将基层上的尘土、污垢、灰尘、残留砂浆等清除干净。

## 3.4 弹线、拉线和做标志

（1）待底层灰六七成干时，按图纸要求，釉面砖规格及结合实际条件进行排砖、弹线。

（2）排砖：根据大样图及墙面尺寸进行横竖向排砖，以保证面砖缝隙均匀，符合设计图纸要求，注意大墙面、柱子和垛子要排整砖，以及在同一墙面上的横竖排列，均不得有小于1/4砖的非整砖。非整砖行应排在次要部位，如窗间墙或阴角处等。但亦注意一致和对称。如遇有突出的卡件，应用整砖套割吻合，不得用非整砖随意拼凑镶贴。

（3）用废釉面砖贴标准点，用做灰饼的混合砂浆贴在墙面上，用以控制贴釉面砖的表面平整度。

（4）垫底尺、计算准确下一皮砖下口标高，底尺上皮一般比地面低1cm，以此为依据放好底尺，要水平、安稳。

## 3.5 瓷砖镶贴操作

（1）选砖、浸泡：面砖镶贴前，应挑选颜色、规格一致的砖；浸泡砖时，将面砖清扫干净，放入净水中浸泡2h以上，取出待表面晾干或擦干净后方可使用。

（2）粘贴面砖：面砖宜采用专用瓷砖胶粘剂铺贴，一般自下而上进行，整间或独立部位宜一次完成。阳角处瓷砖采用45°对角或采用成品阳角线，并保证对角缝垂直均匀。粘接墙砖在基层和砖背面都应涂批胶粘剂，粘接厚度在5mm为宜，抹粘结层之前应用有齿抹刀的无齿直边将少量的胶结剂用力刮在底面上，清除底面的灰尘等杂物，以保证粘接强度，然后将适量胶粘剂涂在底面上，并用抹刀有齿边将砂浆刮成齿状，齿槽以 10mm×10mm 为宜。将瓷砖的粘贴饰材压在砂浆上，并由凸槽横向凹槽方向挤压，以确保全面粘着，瓷砖本身粘贴面凹槽部分槽太深，在粘贴时就需先将砂浆抹在被贴面上，然后排放在合适的铺装位置，轻轻揉压，并由凸槽横向凹槽方向挤压，以确保全面粘着。要求砂浆饱满，亏灰时，取下重贴，并随时用靠尺检查平整度，同时保证缝隙宽度一致。阴角预留 5mm 缝隙，打胶作为伸缩缝。阳角导 1.5mm 宽边，对角留缝打胶。阴阳角做法见图 3-1、图 3-2。

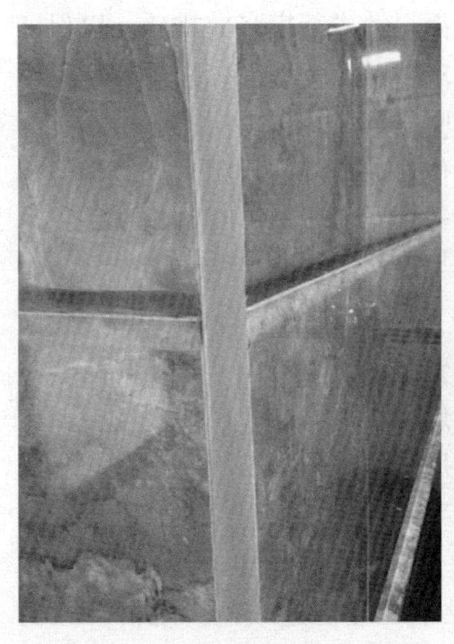

图 3-1　瓷砖成品护角

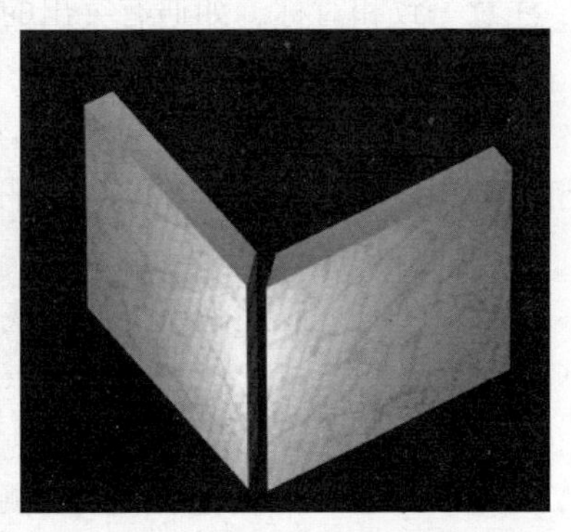

图 3-2　瓷砖阳角倒角

（3）贴完经自检无空鼓、不平、不直后，用棉丝擦干净，用勾缝胶、白水泥或拍干白水泥擦缝，用布将缝的素浆擦匀，砖面擦净。另外一种做法是，用 1∶1 水泥砂浆加水重 20%的界面剂胶或专用瓷砖胶在砖背面抹 3～4mm 厚粘贴即可。但此种做法其基层灰必须抹得平整，而且砂子必须用窗纱筛后使用。另外也可用胶粉来粘贴面砖，其厚度为2～3mm，有此种做法其基层灰必须更平整。

（4）基体为砖墙面时的操作方法：

1）基层处理：抹灰前，墙面必须清扫干净，浇水湿润。

2）12mm厚1∶3水泥砂浆打底，打底要分层涂抹，每层厚度宜5～7mm，随即抹平搓毛。

3）其他做法同基层混凝土墙面做法。

## 3.6 饰面砖粘贴工程质量标准

1. 主控项目

（1）饰面砖的品种、规格、颜色、图案和性能必须符合设计要求。

（2）饰面砖粘贴工程的找平、防水、粘结和勾缝材料及施工方法应符合设计要求、国家现行产品标准、工程技术标准及国家环保污染控制等规定。

（3）饰面砖镶贴必须牢固。

（4）满粘法施工的饰面砖工程应无空鼓、裂缝。

2. 一般项目

（1）饰面砖表面应平整、洁净、色泽一致，无裂痕和缺陷。

室内贴面砖允许偏差　　表3-1

| 顺次 | 项　目 | 允许偏差(mm) | 检查方法 |
|---|---|---|---|
| | | 内墙面砖 | |
| 1 | 立面垂直度 | 2 | 用2m垂直检测尺检查 |
| 2 | 表面平整度 | 2 | 用2m直尺和塞尺检查 |
| 3 | 阴阳角方正 | 2 | 用直角检测尺检查 |
| 4 | 接缝直线度 | 1 | 拉5m线,不足5m拉通线,用钢直尺检查 |
| 5 | 接缝高低差 | 0.5 | 用钢直尺和塞尺检查 |
| 6 | 接缝宽度 | 1 | 用钢直尺检查 |

（2）阴阳角处搭接方式、非整砖使用部位应符合设计要求。

（3）墙面突出物周围的饰面砖应整砖套割吻合，边缘应整齐。墙裙、贴脸突出墙面的厚度应一致。

（4）饰面砖接缝应平直、光滑，填嵌应连续、密实；宽度和深度应符合设计要求。

（5）饰面砖粘贴的允许偏差项目和检查方法应符合表 3-1 的规定。

# 第 4 章　楼地面工程的普通铺贴

## 4.1　施工准备

### 4.1.1　材料准备

1. 水泥

(1) 品种

常用水泥主要是硅酸盐水泥。按强度等级可分为：32.5 级、42.5 级、52.5 级水泥及高强水泥。见图 4-1。

图 4-1　水泥

(2) 主要技术性能

① 安定性

安定性用于检验水泥在硬化过程中其体积变化的均匀程度。安定性不好的水泥砂浆在凝结硬化过程中就会出现龟裂、变曲、松脆、崩溃等不安定现象。安定性不合格的水泥应当予以报废处理。

工地中测试安定性一般采用试饼法。试饼法是将标准稠度的水泥净浆制成的试饼，放在温度 (20±1)℃，相对湿度不小于 90％的湿气养护箱内，养护 22～26h，取出沸煮 3h 后目测试饼的外观，若试饼发生龟裂或翘曲，即该批水泥安定性不合格。见图 4-2、图 4-3、图 4-4。

图 4-2　煮沸箱

图 4-3　雷氏夹

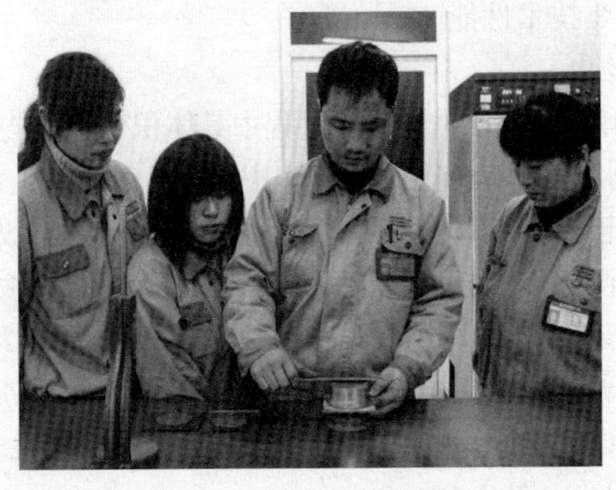

图 4-4　安定性水泥试饼

② 水泥的凝结时间

水泥的凝结时间分为初凝和终凝，初凝时间是指从水泥加水到开始失去塑性并凝聚成块的时间，此时不具有机械强度。而终凝时间是指从加水到完全失去塑性的时间，此时混凝土产生机械强度，并能抵抗一定外力。国家标准规定硅酸盐水泥初凝不早于45min，终凝不迟于6.5h。搅拌、运输、涂抹等工序，必须在水泥初凝之前完成，终凝前不能加载或扰动，否则抹灰会起壳、空鼓、开裂。

③ 贮存

水泥应存放在干燥整洁的仓库中，贮存期一般不宜超过3个月，存放3个月后，可以将水泥搬运一次。过期水泥要重新检验，确定其强度等级后方可使用。受潮水泥在有可以捏成粉末的松块而无硬块的状况下，重新取样送检，按试验结论强度等级使用，使用前要将松块压成粉末，加强搅拌。见图4-5。

图 4-5　水泥贮存

2. 砂

(1) 砂的类型

① 按照砂的来源有山砂、河砂、海砂及人工砂，其中河砂是贴砖的理想材料。见图4-6。

② 按平均粒径分为粗砂、中砂、细砂和特细砂4种。粗砂的平均粒径不小于0.5mm，中砂的平均粒径为0.35～0.5mm，

图 4-6　河砂

细砂的平均粒径为 0.25～0.35mm，贴砖时宜采用粗砂、中砂，不宜采用特细砂。见图 4-7。

图 4-7　粗砂

(2) 颗粒级配

砂的颗粒级配是指大小颗粒相互搭配的比例情况，若比例得当，空隙可达到最小。

(3) 质量要求

砂中的黏土、泥块、云母等有机杂质均为有害物质，直接影响砂浆的强度，其含量均有限制。如：砂的含泥量不得超过 3%。因此，砂在使用时应过筛并用清水冲洗干净。

3. 水

砂浆中的一部分水与水泥起化学反应，另一部分起润滑作用，使砂浆具有保水性与和易性。水的多少直接影响砂浆的质量，加水量过少则影响抹灰的操作性，加水量过多将直接降低砂浆的强度，应严格按设计配合比配置。建筑施工用水一般采用未受污染的软水，如：自来水、饮用水等。见图 4-8。

图 4-8 自来水

4. 瓷砖

瓷砖是一种陶制产品，由不同材料混合而成的陶泥，经切割

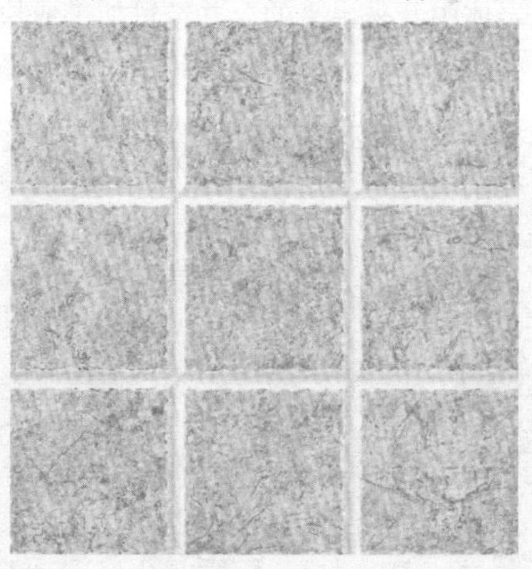

图 4-9 釉面砖

后脱水风干，再经高温烧压，制成不同形状不同规格的砖块。按工艺不同又分为釉面砖和通体砖（也叫玻化砖、抛光砖），在房屋建筑工程中广泛应用于楼地面工程。见图 4-9、图 4-10。

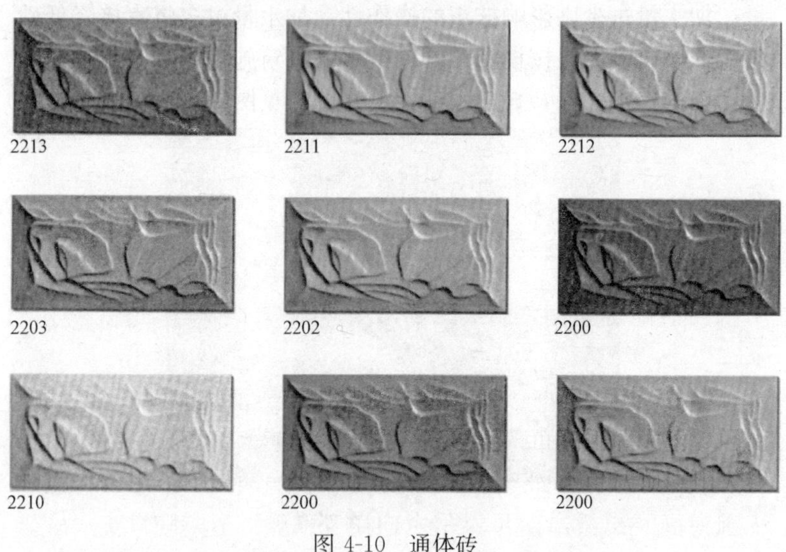


图 4-10　通体砖

5. 天然石材

是从天然岩体中开采出来的，并经过加工成块状或板状材料的总称，主要有花岗石、大理石等。其中大理石强度适中，色彩

图 4-11　天然石材

和花纹比较美丽，但耐腐蚀性差，一般多用于高级建筑物的内墙面、地面等。花岗岩强度、硬度均很高，耐腐蚀能力及抗风化能力较强，是高级装饰工程室内外的理想面材，见图 4-11。

6. 人造石材

是以不饱和聚酯树脂为粘结剂，配以天然大理石或方解石、白云石、硅砂、玻璃粉等无机物粉料，再加入适量外加剂制成的一种人造石材。在防潮、防酸、防碱、耐高温、拼凑性方面都有长足的进步。见图 4-12。

图 4-12　人造石材

### 4.1.2　机械准备

1. 手工工具

贴面装饰操作除一般抹灰常用的手工工具外，根据块材的不同，还需一些专用的手工工具。专用工具分述如下。

（1）抹子

① 铁抹子：铁抹子也称铁板，一般用于抹底子灰或抹水刷石、水磨石面层，见图 4-13。

② 塑料抹子：塑料抹子采用塑料材质，适用于铺贴时砂石的摊铺找平，见图 4-14。

③ 木抹子：木抹子又称木蟹，是用红白松木制作而成的，适宜于砂浆的搓平压光，见图 4-15。

图 4-13　铁抹子

图 4-14　塑料抹子

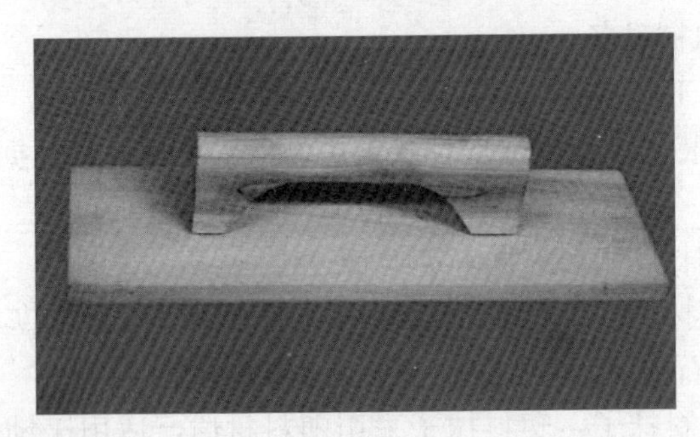

图 4-15　木抹子

④ 压子：一般适用于压光水泥砂浆面层及纸筋灰等罩面，见图 4-16。

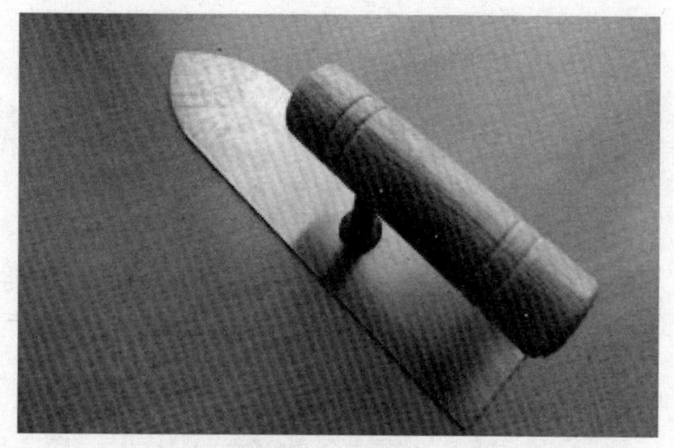

图 4-16　压子

（2）开刀：镶贴饰面砖拨缝用。

（3）木槌、橡皮锤和花锤：木槌、橡皮锤安装或镶贴块材时敲击振实用，花锤是石工的工具，也用于斩假石，橡皮锤见图 4-17。

图 4-17　橡皮锤

（4）硬木柏：镶贴块材振实用。

（5）铁铲：涂抹砂浆用，见图 4-18。

（6）合金錾子、小手锤：用于饰面砖、饰面板手工切割。合金錾子有 6～12mm 等规格，见图 4-19。

（7）扁錾：大小长短与合金錾子相似，但工作端部锻成一字形的斧状錾口，是剁斧加工分割饰面块材的工具，见图 4-20。

（8）单刃或多刃：多刃由几个单刃组成，适用于剁斩假石。

（9）木垫板：镶贴陶瓷锦砖用，见图 4-21。

图 4-18　铁铲

图 4-19　合金錾子

图 4-20　扁錾

图 4-21　木垫板

（10）磨石：也叫金刚石，磨光饰面砖板用，见图 4-22。

（11）剁斧：剁斧又称斩斧，适用于剁斩假石，清理混凝土基层。见图 4-23。

2. 常用机具

① 手动切割器：用于切割饰面块材，见图 4-24。

图 4-22　磨石

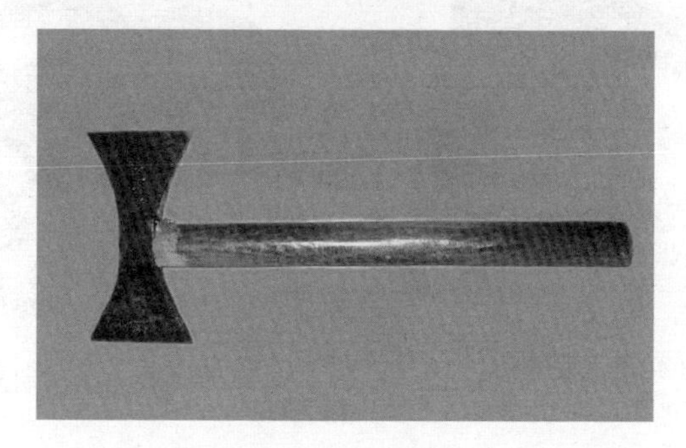

图 4-23　剁斧

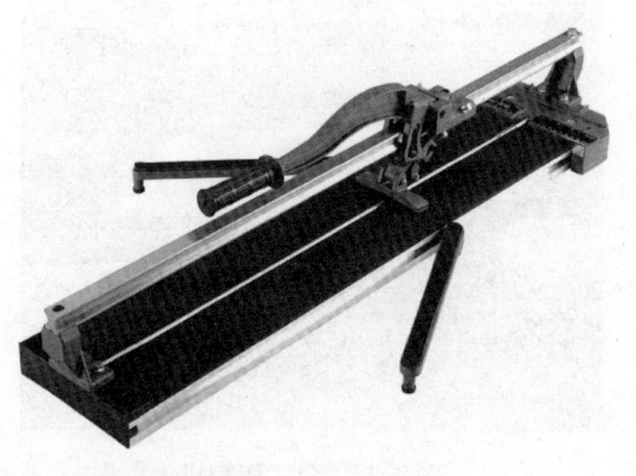

图 4-24　手动切割器

图 4-25　打眼器

② 打眼器：饰面块材打眼用，见图 4-25。

此外还有钻孔用的手电钻、电锤，切割大理石饰面板用的台式切割机和电动切割机等。见图 4-26，图 4-27，图 4-28。

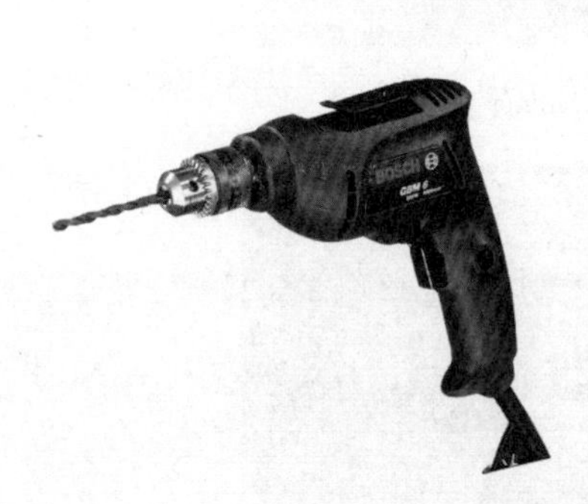


图 4-26　手电钻

图 4-27　电动切割机

图 4-28　台式切割机

3. 其他工具

（1）粉袋包：粉袋包适用于弹水平线或分格缝。

（2）铁皮：铁皮是用弹性较好的钢皮制成。适用于小面积或铁抹子伸不进去的地方的抹灰或修理。

（3）分格器：分格器也称劈缝溜子或抽筋铁板，适用于抹灰面层分格。

（4）小灰勺：小灰勺用于抹灰时舀砂浆。

### 4.1.3 人员准备

普通铺贴时配置的基本工种见表 4-1。

**普通铺贴人员准备表** **表 4-1**

| 序号 | 工种 | 职　责 |
|---|---|---|
| 1 | 放线工 | 负责施工放线和定位 |
| 2 | 铺贴工 | 负责瓷砖的铺贴,质量的控制 |
| 3 | 普工 | 负责砂浆搅拌、材料转运、清理等 |

## 4.2 挑砖、弹线与铺贴

### 4.2.1 挑砖

挑砖原则：一看、二听、三滴水、四尺量。

一看：看外观。瓷砖的色泽要均匀，表面光洁度及平整度要好，周边规则，图案完整，从一箱中抽出四五片察看有无色差、变形、缺棱少角等缺陷。见图 4-29。

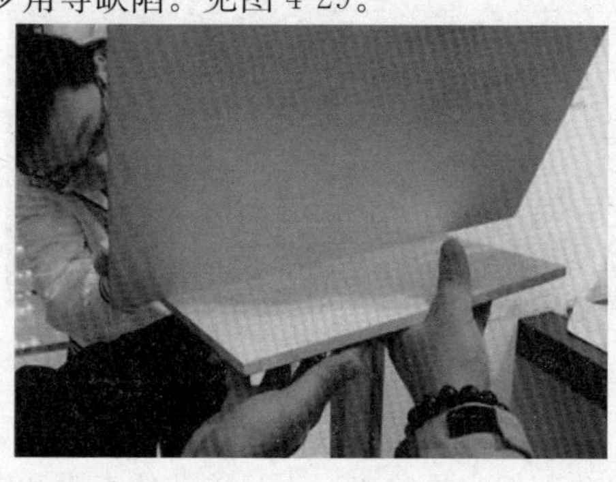

图 4-29　看砖

二听：听声音。用硬物轻击，声音越清脆，则瓷化程度越高，质量越好。也可以左手拇指、食指和中指夹瓷砖一角，轻松垂下，用右手食指轻击瓷砖中下部，如声音清亮、悦耳为上品，如声音沉闷、滞浊为下品，见图 4-30。

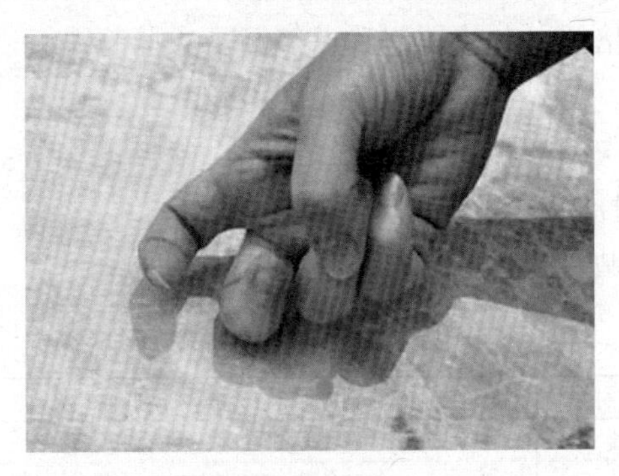

图 4-30　听砖

三滴水：滴水试验。可将水滴在瓷砖背面，看水散开后浸润的快慢，一般来说，吸水越慢，说明该瓷砖密度越大；反之，吸水越快，说明密度稀疏，其内在品质以前者为优。试验不能以表面涂抹来衡量，表面光滑不吸水很可能就是表面防污剂和蜡比较多，那样的砖不吸水，会很滑，不安全，见图 4-31。

图 4-31　滴水试验

四尺量：量尺寸。瓷砖边长的精确度越高，铺贴后的效果越好，买优质瓷砖不但容易施工，而且能节约工时和辅料。用卷尺测量每片瓷砖的大小周边有无差异，精确度高的为上品。瓷砖挑选方法：观察硬度。瓷砖以硬度良好、韧性强、不易碎烂为上品。以瓷砖的残片棱角互相划痕，查看破损的碎片断裂处是细密还是疏松，是硬、脆还是较软，是留下划痕，还是散落的粉末，如属前者即为上品，后者即质差，见图 4-32。

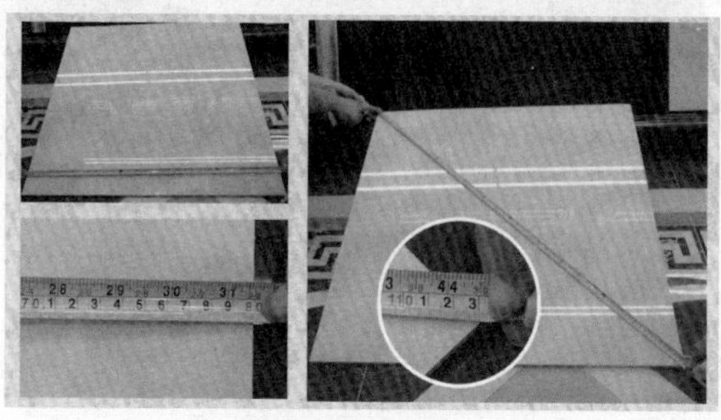

图 4-32　量尺寸

### 4.2.2　弹线

1. 基层处理

基层若是混凝土楼、地面，又比较光滑，则应进行凿毛处理，深度为 5～10mm，凿毛痕间距为 30mm 左右，注意清理基层表面残留的砂浆、尘土等，并冲洗干净。见图 4-33。

图 4-33　剔凿效果图

2. 弹线、定位：

弹线定位有两种方法：

（1）对角定位法——砖缝与墙角成45°角，见图4-34。

图4-34　对角线定位

（2）直角定位法——砖缝与墙面平行。弹线时以房间中心为原点弹出相互垂直的定位线，并注意：距墙边留出200～300mm为调整区间；若房间内外地砖品种不同，其交接线应在不显眼处。设置地面标准高度面，较小房间做丁字形，较大房间做十字形，贴两行地砖。

### 4.2.3　铺贴

1. 浸砖

瓷砖在铺贴前应充分浸水，防止干砖铺到地面上后吸收砂浆的水分。面砖浸水的操作方法是先将其清洗干净，放入清水浸泡

图4-35　浸砖

1h 以上，然后取出擦干或晾干后方可使用。见图 4-35。

2. 找平层润湿及水泥砂浆摊铺

砂浆摊铺前对找平层进行洒水润湿，接着摊铺体积比为1∶2的水泥砂浆，每次铺抹砂浆面积不宜过大，以半小时铺砖的工作量为准。见图 4-36。

图 4-36　砂浆摊铺

3. 找规矩

铺砖一般先从门口开始，按线位及墙根水平线先铺几列纵砖，找好规矩。然后从里向外逐排列循序退着操作，见图 4-37。

图 4-37　找规矩

4. 拉线、铺贴

铺砌时要拉细线，使缝顺直，对好花型纹路，直至与墙面四周合拢止，见图 4-38。

图 4-38 拉线、铺贴

水泥浆应饱满地挂在瓷砖背面，并用橡皮锤敲实，且边贴边用水平尺检查校正，同时即刻擦去表面的水泥浆，见图 4-39。

图 4-39 瓷砖背面涂抹水泥浆

5. 敲实

铺完砖后，用喷壶洒水，使砖接近饱和，待粘结砂浆吸水恢复一定塑性后，用锤子和硬木板按铺砖先后全面拍平，发现有损坏砖，及时更换，边拍边拉线调匀调直缝隙，见图 4-40。

6. 地砖切割

图 4-40　橡胶锤敲实

切割前需要计算清楚在施工，切割时需要注意良好所需瓷砖的尺寸，瓷砖的切割工序须穿插在铺贴过程中，图 4-41。

图 4-41　切割瓷砖

7. 平整度检查

正行地砖铺贴完毕后，应拿水平尺检查两块地砖之间的平整度，误差不应大于 2mm，图 4-42。

8. 勾缝、擦缝

铺贴完养护 24h 后采用 1∶1 水泥砂浆勾缝，当缝隙小时，可用糊状水泥浆灌缝，再在缝上撒干水泥粉，用棉纱头擦缝，并将瓷砖表面擦净，图 4-43。

图 4-42　平整度检查

图 4-43　勾缝

# 第 5 章　内墙及楼地面中档镶贴工程

## 5.1　墙柱面大理石饰面板安装方法

### 5.1.1　主要安装方法

目前国内大理石板材墙面装饰的施工方法大致有湿作业法、门形钉固定法、干挂法等三种。

1. 湿作业施工工艺

在混凝土墙面或砖墙面上按设计要求事先绑扎好钢筋网，钢筋网与结构预埋件焊接牢固，安装石材之前将饰面石材按照设计要求用钻头在板侧钻成鼻孔，将铜丝穿入孔内并与钢筋网绑扎牢固，在石材与基层墙面之间用 1∶2.5 水泥砂浆灌缝。

这种施工方法的缺点是墙面平整度、垂直度不易控制，板缝易泛盐霜，影响美观，基层处理不好则易引起空鼓脱落现象，见图 5-1。

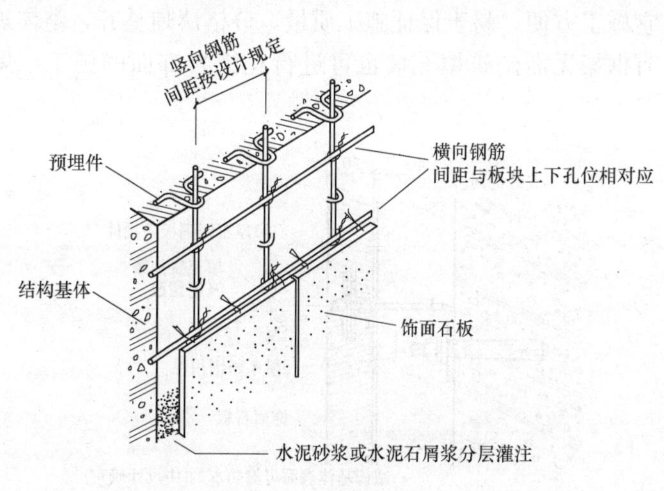


图 5-1　湿作业法

2. 门形钉固定法（湿法改进工艺）

是对传统湿作业灌浆工艺的改进，这种方法的优点是施工比较方便，对控制垂直度与平整度较传统湿法工艺有所改进，这种方法的缺点亦与传统湿法工艺相同，见图 5-2。

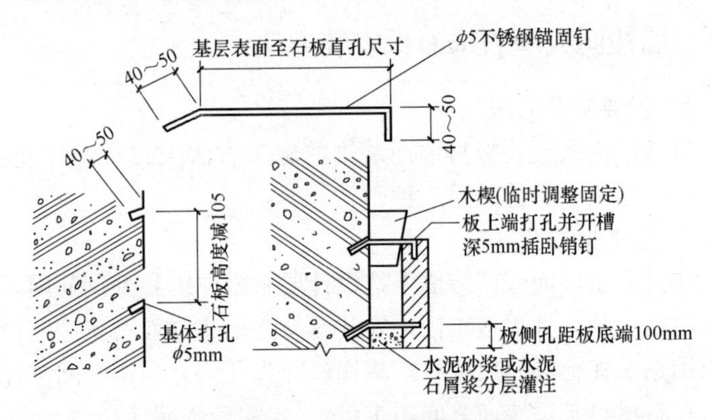


图 5-2　门形钉固定法

3. 干挂法施工

通过连接用钢螺栓将饰面板固定于建筑混凝土墙体表面的工艺，它施工方便，易于保证施工质量，分格清晰整齐，整体观感好，有框架无需砌筑填充墙也可进行花岗岩饰面的施工，见图 5-3。

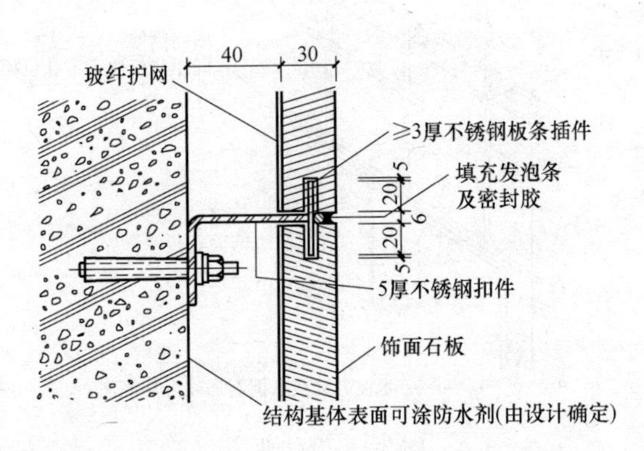


图 5-3　干挂式施工法

### 5.1.2 湿作业法施工工艺

1. 工艺流程

基层处理→绑扎钢筋→预拼→固定不锈钢丝→板块就位安装→固定→灌浆→清理→嵌缝。

2. 操作要点、注意事项

（1）绑扎钢筋网片

按照设计要求事先在基层表面绑扎好钢筋网，与结构预埋件绑扎牢固。其做法有在基层结构内预埋铁环，与钢筋网绑扎；也有用冲击电钻先在基层打 ϕ6mm～ϕ8mm 深度 90mm 的孔，再将 ϕ6mm～ϕ8mm 短钢筋埋入，外露 50mm 以上并弯钩，再在同一标高的插筋上置水平钢筋，二者靠弯钩或焊接固定。见图 5-4。

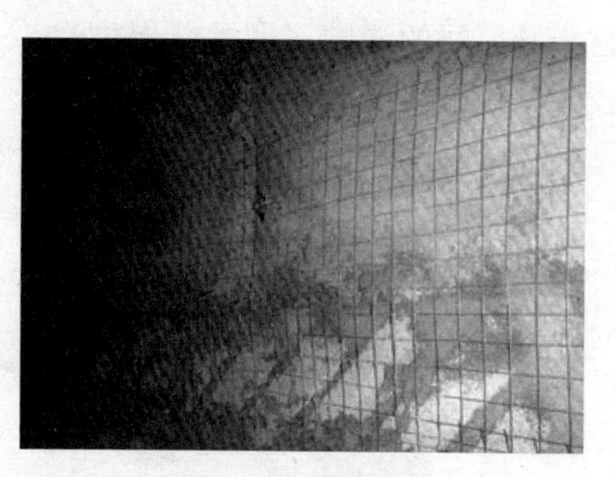

图 5-4 绑扎钢筋网片

（2）固定不锈钢丝（铜丝）

安装前先将饰面板材按照设计要求用钻头 ϕ5mm、深 18mm 圆孔，用木楔、铅皮、环氧树脂把铜丝（或不锈钢丝）紧固在孔内。也可以钻成“牛轭孔”，将铜丝（或不锈钢丝）穿入孔内。见图 5-5。

图 5-5 固定不锈钢丝

(3) 板块安装

安装前要按照事先找好的水平线和垂直线进行预排，然后在最下一行两头用板材找平找直，拉上横线，再从中间或一端开始安装。用铜丝（或不锈钢丝）把板材与结构表面的钢筋骨架绑扎固定，随时用托线板靠直靠平，保证板与板交接处四角平整。板材与基层间的缝隙（即灌浆厚度），一般为20～50mm。在弹线找方、挂直找规矩时，要注意处理好与其他工种的关系，门窗、贴脸、抹灰等厚度都应考虑留出饰面板材的灌浆厚度。见图5-6。

图5-6 板材安装

(4) 固定

饰面板材安装后，用纸或石膏将底及两侧缝隙堵严，上下口用石膏临时固定，较大的板材固定时要加支撑。为了矫正视角误差，安装门窗碹脸时应按1%起拱。

(5) 灌浆

固定后用1∶2.5水泥砂浆分层灌注。第一层浇灌高度为15cm，不能超过石材高度的1/3，以后每次灌浆高度一般为20～30cm，待初凝后再继续灌浆，直到距上口5～10cm停止。然后将上口临时固定的石膏剔掉，清理干净缝隙，再安装第二行板材，这样依次由下往上安装固定、灌浆。采用浅色的大理石饰面板材时，灌浆应用白水泥和白石屑。

（6）嵌缝

全部板材安装完毕后，清净表面，然后用板材相同颜色调制之水泥砂浆，边嵌边擦，使缝隙嵌浆密实，颜色一致。板材出厂时已经抛光处理并打蜡。但经施工后局部有污染，表面失去光泽，所以一般应进行擦拭或用高速旋转帆布擦磨，重新抛光上蜡，见图 5-7。

图 5-7　板材嵌缝

### 5.1.3　门形钉固定法施工工艺

门形钉固定法基本与传统湿法工艺相同，主要不同的是用碳钢弹簧卡代替了铜丝绑扎，在上下层板材之间增加了连接钢销。这种方法的优点是施工比较方便，对控制垂直度与平整度较传统湿法工艺有所改进，门形钉固定法的缺点亦与传统湿法工艺相同。

### 5.1.4　干挂法施工工艺

通过连接用钢螺栓将饰面板固定于建筑混凝土墙体表面的工艺，它施工方便，易于保证施工质量，分格清晰整齐，整体观感好，有框架无需砌筑填充墙也可进行花岗岩饰面的施工。

1. 工艺流程

基层处理→弹线排板→打孔→固定连接件→固定板块→嵌缝→清理。

2. 操作要点

(1) 弹线排板

根据墙面花岗岩的分格尺寸要求绘制立面分格图，施工时根据分格图在墙面上弹出分格线。划线一般由墙中心向两边弹放，使墙面误差均匀地分布在板缝中，见图 5-8。

图 5-8 弹线

(2) 打孔

打孔时先用尖錾子在预先弹好的点上凿一个点，然后用钻打孔，孔深在 60～80mm，若遇结构里的钢筋时，可以将孔位在水平方向移动或往上抬高，要连接铁件时利用可调余量再调回。成

图 5-9 钻孔

孔要求与结构表面垂直，成孔后把孔内的灰粉用小勺掏出，安放膨胀螺栓，宜将本层所需的膨胀螺栓全部安装就位，见图 5-9。

（3）固定连接件

用设计规定的不锈钢螺栓固定角钢和平钢板。调整平钢板的位置，使平钢板的小孔正好与石板的插入孔对正，固定平钢板，用力矩扳子拧紧，见图 5-10。

图 5-10　安放平钢板

（4）板块安装

① 底层石板安装

先把侧面的连接铁件安好，再把底层面板靠角上的一块就位。方法是用夹具暂时固定，先将石板侧孔抹胶，调整铁件，插固定钢针，调整面板固定。依次按顺序安装底层面板，待底层面板全部就位后，检查一下各板水平是否在一条线上，如有高低不平的要进行调整；低的可用木楔垫平；高的可轻轻适当退出点木楔，退到面板上口在一条水平线上为止；调整好面板的水平与垂直度后，再检查板缝，板缝宽应按设计要求，板缝均匀，将板缝嵌紧被衬条，嵌缝高度要高于 25cm。其后用 1∶2.5 的用白水泥配制的砂浆，灌于底层面板内 20cm 高，砂浆表面上设排水管。见图 5-11。

② 中间石板安装

图 5-11　底层石材安装

石板上孔抹胶及插连接钢针，把 1∶1.5 的白水泥环氧树脂倒入固化剂、促进剂，用小棒搅匀，用小棒将配好的胶抹入孔中，再把长 40mm 的 $\phi 4$ 连接钢针通过平板上的小孔插入直至面板孔，上钢针前检查其有无伤痕，长度是否满足要求，钢针安装要保证垂直。面板暂时固定后，调整水平度。如板面上口不平，可在板底的一端下口的连接平钢板上垫一相应的双股铜丝垫，若铜丝粗，可用小锤砸扁，若高，可把另一端下口用以上方法垫一下。调整垂直度，并调整面板上口的不锈钢连接件的距墙空隙，直至面板垂直。

③ 顶部面板安装

顶部最后一层面板除了按一般石板安装要求外，安装调整后，在结构与石板的缝隙里吊一通长的 20mm 厚木条，木条上平为石板上口下去 250mm，吊点可设在连接铁件上，可采用铅丝吊木条，木条吊好后，即在石板与墙面之间的空隙里塞放聚苯板，聚苯板条要略宽于空隙，以便填塞严实，防止灌浆时漏浆，造成蜂窝、孔洞等，灌浆至石板口下 20mm 作为压顶盖板之用。见图 5-12。

(5) 嵌缝

每一施工段安装完后，清扫拼接缝，沿面板边缘贴防污条，最后在背衬条外用嵌缝枪把中性硅胶打入缝内，打胶时用力要

图 5-12　石材安装

均，走枪要稳而慢。如胶面不太平顺，可用不锈钢小勺刮平，见图 5-13。

图 5-13　嵌缝

（6）清理

每次操作结束后要清理操作现场，安装完工不允许留下杂物，以防硬物跌落损坏饰面石材。

3. 注意事项

（1）对于挂点的间距位置和数量提出具体要求，基本上与外幕墙技术规范中的要求相同。边长 1000mm 的石板设两个干挂点，大于 1000mm 的石板应加设干挂点。这项要求不仅仅是从安全上考虑，因为有的石材墙面施工完毕后，在侧面观察时会有波浪起伏的观感，反映出墙面的平整度不高。

（2）干挂件位置处，花岗石槽口净厚不得小于 6mm，大理石槽边净厚不得小于 7mm。在外幕墙技术规范中，石板加工制作章节中规定，短槽式安装的石板开槽宽度宜为 6mm 或 7mm，这实际是要求确保开槽处的石板净厚度能有一定保证，避免在干挂采力点处石材体被过度削弱。

（3）为确保整个立面的平整度与垂直度，应在整个立面上下左右挂线拉线安装板材，每安完一块板要仔细检查调整它的垂直度与平整度，在满足要求后才能安装上层板材。

（4）为防止底层板被碰撞破坏或移位，在最底层板与基层的空隙之间可灌 300mm 高的砂浆或细石混凝土。

（5）板材之间的板缝打胶是影响美观和防渗漏的关键，所以在打胶前要清除板缝内的灰尘，内衬条均匀，确保硅胶厚度 10mm 以上，打胶要连续均匀，平面凹进 2mm 左右，不得使胶打在缝外污染饰面板材的表面。

## 5.2 板材安装后的质量检查

饰面板安装工程质量标准和检验方法，见表 5-1。

**饰面板安装工程质量标准和检验方法　　表 5-1**

| 类别 | 序号 | 检查项目 | 质量标准 | 单位 | 检验方法及器具 |
|---|---|---|---|---|---|
| 主控项目 | 1 | 饰面板安装 | 饰面板安装工程的预埋件（或后置埋件）、连接件的数量、规格、位置、连接方法和防腐处理必须符合设计要求。后置埋件的现场拉拔强度必须符合设计要求。饰面板安装必须牢固 | | 手扳检查、检查进场验收记录、现场拉拔检测报告、隐蔽工程验收记录和施工记录 |
| | 2 | 材料品种、规格、颜色和性能 | 应符合设计要求，木龙骨、木饰面板和塑料饰面板的燃烧性能等级应符合设计要求 | | 观察、检查产品合格证书、进场验收记录和性能检测报告 |
| | 3 | 饰面板孔、槽 | 数量、位置和尺寸应符合设计要求 | | 检查进场验收记录和施工记录 |

续表

| 类别 | 序号 | 检查项目 | | | 质量标准 | 单位 | 检验方法及器具 |
|---|---|---|---|---|---|---|---|
| 一般项目 | 1 | 表面质量 | | | 饰面板表面应平整、洁净、色泽一致，无裂痕和缺损。石材表面应无泛碱等污染 | | 观察检查 |
| | 2 | 饰面板嵌缝 | | | 密实、平直，宽度和深度应符合设计要求，嵌填材料色泽应一致 | | 观察、钢尺检查 |
| | 3 | 湿作业法施工 | | | 采用湿作业法施工的饰面板工程，石材应进行防碱背涂处理。饰面板与基体之间的灌注材料应饱满、密实 | | 用小锤轻击检查、检查施工记录 |
| | 4 | 饰面板孔洞套割 | | | 饰面板上的孔洞应套割吻合，边缘应整齐 | | 观察检查 |
| | 5 | 立面垂直度 | 石材 | 光面 | ≤2 | mm | 用2m垂直检测尺检查 |
| | | | | 剁斧石 | ≤3 | | |
| | | | | 蘑菇石 | ≤3 | | |
| | | | 瓷板 | | ≤2 | | |
| | | | 木材 | | ≤1.5 | | |
| | | | 塑料 | | ≤2 | | |
| | | | 金属 | | ≤2 | | |
| | 6 | 表面平整度 | 石材 | 光面 | ≤2 | mm | 用2m靠尺和塞尺检查 |
| | | | | 剁斧石 | ≤3 | | |
| | | | 瓷板 | | ≤1.5 | | |
| | | | 木材 | | ≤1 | mm | 用2m靠尺和塞尺检查 |
| | | | 塑料 | | ≤3 | | |
| | | | 金属 | | ≤3 | | |
| | 7 | 阴阳角方正 | 石材 | 光面 | ≤2 | mm | 用直角检测尺检查 |
| | | | | 剁斧石 | ≤4 | | |
| | | | | 蘑菇石 | ≤4 | | |
| | | | 瓷板 | | ≤2 | | |
| | | | 木材 | | ≤1.5 | | |
| | | | 塑料 | | ≤3 | | |
| | | | 金属 | | ≤3 | | |

## 5.3 地面大理石、花岗岩做法

### 5.3.1 工艺流程

准备工作→弹线→试拼编号→刷水泥浆结合层→铺砂浆→铺块材→灌浆擦缝→打蜡。

### 5.3.2 操作要点

（1）准备工作

石材面层施工应在墙顶装饰抹灰后进行。板材应先浸润并阴干待用。板材在进场后，要检查材料的品种、规格、尺寸、外观等是否符合设计要求，见图 5-14。

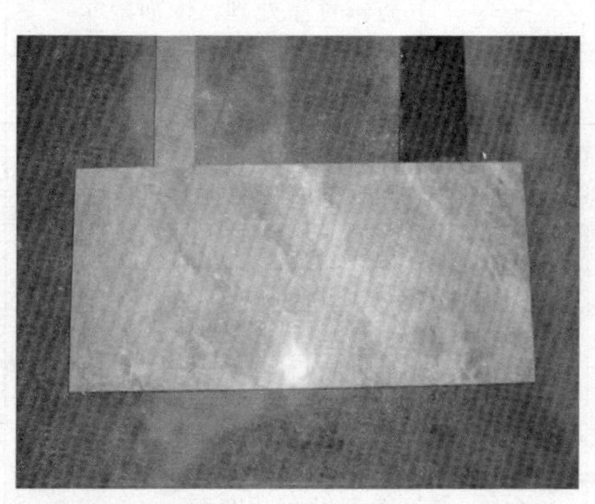

图 5-14 石材验收

（2）弹线

弹线方法同 4.2.2 章节介绍流程。若室内地面与走廊地面颜色不同，其分界应安排在门口门扇中间处，见图 5-15。

（3）试拼编号

正式铺设前，逐一比对每一房间的大理石、花岗岩，应按图案、颜色、纹理试拼，将非整板对称排在房间靠墙部位。试拼后按两个方向将块材编号排列，然后按编号码放整齐。

（4）刷水泥浆、铺砂浆

为保证粘贴效果，还应在基层（或找平层）上刷一遍水灰比为 0.4～0.5 的水泥胶浆，随刷随摊铺 1：2～1：3 的干硬性水泥

图 5-15　弹线

砂浆，干硬程度以手握成团不松散、在手中颠后即散为宜。厚度控制在放上板块时高出面层水平线 3～4mm，其宽度要超出平板 20～30mm。摊铺好后用大杠刮平，再用抹子拍实找平。见图 5-16。

图 5-16　刷素水泥浆

（5）铺贴板材

首先安放标准块，放线后，应先铺标准块，作为整个房间的水平标准和接缝的依据。一般在房中小字线处安放，并按退步法铺砌。凡有柱子的大厅，宜先铺砌柱子之间部分，再由此展开。石材铺贴时，结合层与阴干的板材应分段同时铺砌。

先作试铺，感到合适后将板揭起再在结合层上均匀撒一层干水泥并淋水一遍。也可采用水泥浆作粘结，同时在背面洒水的板材，要四角同时落地。正式铺砌后应用木槌或橡皮锤敲击平实，即要找平直，相邻板材应平齐，纵横间隙缝应对齐。缝宽应≤1mm，见图 5-17。

图 5-17　铺贴板材

（6）灌缝擦缝

一般在板材铺贴 1～2 昼夜后进行。接缝较大者，用 1∶1 水泥砂浆灌填至 2/3 缝深，其余用同色水泥浆擦缝，然后用干锯末擦亮。擦缝完 24h 后覆盖养护，喷水养护不少于 7d。

### 5.3.3　注意事项

踢脚板施工的施工方法有粘贴法和灌浆法两种，不论采取什么方法安装，均应在墙面两端各镶贴一块踢脚板，其上沿高度在同一水平线上，出墙厚度要一致，然后沿两块踢脚板上沿拉通线，逐块依顺序安装。踢脚板可先于地面板安装，也可后安装。先装的踢脚板底要低于地面 5mm。

对铺贴好的板材可用湿布清洁表面，若有污染可用较硬的羊毡包氧化铝粉干擦。待结合层砂浆强度达到 60%～70%方可打蜡抛光。

# 第6章　质量检查、文明施工及安全技术

## 6.1　质量检查及检查方法

### 6.1.1　一般抹灰的质量标准及检查方法

一般抹灰的质量标准及检查方法，见表6-1。

**一般抹灰的允许偏差和检验方法　　表6-1**

| 项次 | 项目 | 允许偏差(mm) | | 检验方法 |
|---|---|---|---|---|
| | | 普通抹灰 | 高级抹灰 | |
| 1 | 立面垂直度 | 4 | 3 | 用2m垂直检测尺检查 |
| 2 | 表面平整度 | 4 | 3 | 用2m靠尺和塞尺检查 |
| 3 | 阴阳角方正 | 4 | 3 | 用直角检测尺检查 |
| 4 | 分格条(缝)直线度 | 4 | 3 | 用5m线，不足5m拉通线，用钢直尺检查 |
| 5 | 墙裙、勒脚上口直线度 | 4 | 3 | 拉5m线，不足5m拉通线，用钢直尺检查 |

### 6.1.2　装饰抹灰的质量标准及检查方法

装饰抹灰的允许偏差和检验方法，见表6-2。

**装饰抹灰的允许偏差和检验方法　　表6-2**

| 项次 | 项目 | 允许偏差(mm) | | | | 检验方法 |
|---|---|---|---|---|---|---|
| | | 水刷石 | 斩假石 | 干粘石 | 假面砖 | |
| 1 | 立面垂直度 | 5 | 4 | 5 | 5 | 用2m靠尺和塞尺检查 |
| 2 | 表面平整度 | 3 | 3 | 5 | 4 | 用2m靠尺和塞尺检查 |
| 3 | 阴阳角方正 | 3 | 3 | 4 | 4 | 用直角检测尺检查 |

续表

| 项次 | 项目 | 允许偏差(mm) | | | | 检验方法 |
|---|---|---|---|---|---|---|
| | | 水刷石 | 斩假石 | 干粘石 | 假面砖 | |
| 4 | 分格条(缝)直线度 | 3 | 3 | 3 | 3 | 用5m线,不足5m拉通线,用钢直尺检查 |
| 5 | 墙裙、勒脚上口直线度 | 3 | 3 | — | — | 用5m线,不足5m拉通线,用钢直尺检查 |

## 6.2 现场文明施工

1. 所有材料集中摆放整齐，上下砂浆要做到稳当、有序，避免到处洒落，污染工作面和施工现场。

2. 遵守现场有关文明施工的各项规定，及时清理现场，做到工完场清。现场砂浆禁止直接倾倒在楼地面，要有灰盘。

3. 加强施工现场文明施工的管理，做好剩余材料的分拣、回收工作。斗车装砂浆“八分”满，禁止外溢，洒落在施工电梯轿厢或路面。

4. 施工完毕后，剩余材料及时收集整理，严禁随意乱扔。

5. 现场废料及加工后产生的垃圾等，应按照指定地点堆放，然后运至指定堆场。

## 6.3 新工人进场安全教育

为了确保工程安全文明施工，保障施工人员的人身安全和国家的财产免受损失，应对新进场工人进行安全教育。

1. 进入施工现场必须正确佩戴安全帽，严禁穿拖鞋，高跟鞋及酒后作业。

2. 严禁私自拆卸动用安全防护设施，不得在没有防护设施的部位作业，不得私自卸拆安全防护设施。

3. 严禁在窗台上坐卧，临边作业时，必须正确佩戴安全带，并系持在牢靠处，防止高空坠落。

4. 所有架子、马凳、梯子使用时必须搭设稳固。

5. 不得从楼层内向外抛扔材料及杂物。

6. 在脚手架上操作的人数不能集中，堆放的材料应散开，存放砂浆的槽筒要放稳，制械尺不能一端立在脚手板上，一端靠墙要平放在脚手板上，脚手板严禁有探头板。

7. 内装饰层高在3.6m以下时，由抹灰工自己搭设的脚手架或采用双脚三角形高凳间距应小于2m，不许有探头板。

8. 操作中严禁向下甩物件或抛甩砂浆，防止附物伤人或砂浆溅入眼中。

9. 在室内推小车时，尤其是过道中拐弯时要注意小车把别挤手。

10. 移动式照明灯必须使用安全电压，机电设备应固定专人或电工操作，小型卷扬机的操作人员需经培训并考试合格后方准操作，现场一切机电设备，非操作人员一律禁止乱动。

11. 采用竹片固定八字尺时，注意防止竹片弹出伤人；在用钢筋卡子卡八字尺时，注意防止因卡子滑脱而摔倒。

总之，每个施工作业人员均应树立牢固的安全意识，在安全和进度发生矛盾时，要考虑安全第一。每个操作者都不能违章作业，在发现有安全隐患时，要及时汇报，并可依法拒绝违章施工。

## 6.4 施工及机械使用安全技术

### 6.4.1 材料堆放及运输

贴面用的预制件、大理石、瓷砖等饰面块材，应堆放整齐平稳，边用边运。安装时要稳拿稳放，待灌浆凝固稳定后，方可拆除临时支撑，以免倒塌、掉落伤人。运送料具时，要把脚下的路铺平稳，小推车不能装得过满，以免溢出，小推车不能倒拉，而且不能运行太快，转弯时要注意安全，不要碰到堆放的料具和操作人员。

向脚手架上运料时，多立杆式外脚手架每平方米荷载不得超过 270kg。架子上的灰盆间距不得小于 6m，灰盆要顺着脚手架放稳，不得放在立杆外侧。上料前应先检查脚手架搭设和跳板的铺设，推车运料一律单行，严禁倒拉车，严禁平行超车。室内外抹灰上料用的物料平台不能超载，下面要设平网，在平网下面铺设架板，防止吊盘落物伤人。

**6.4.2　内、外脚手架作业**

抹灰使用的木凳、金属支架应平稳牢固地搭设，并满铺架板。架子的立杆下要铺垫脚手板或绑有扫地杆以防下沉，小横杆间距不得大于 2m。外脚手架（分单、双排）、马道、平台要挂设安全网，安全网要挂设牢固、完整，不能破坏，以免坠落伤害。脚手板必须铺满，最窄处不得小于 3 块。脚手板严禁搭设探头板，以免坠落伤害。

严禁操作人员集中在一块脚手板上操作，架上堆放材料不要过于集中，以免超载，造成安全事故。严禁将工具、材料、杂物堆放在窗台、栏板上，以免掉落造成伤害。不准在门窗、暖气片、洗脸池等物体上搭设脚手板，阳台部位粉刷，外侧必须挂设安全网。严禁踩踏在脚手架的护身栏杆和阳台栏板上施工作业。所有施工人员严禁在抹灰架上嬉戏、吵闹。

**6.4.3　用电及机械使用**

遵守安全规程，经培训合格后持证上岗。不能私自搭接电源，不能乱接乱搭。电缆电线不能拖地，不能使用花线，做好绝缘工作。电缆线严禁附着在金属外架上，以防漏电伤人。如果电路出现故障，须由持证专职电工负责检修，严禁私自乱动。

不该私自开动的机械严禁使用，使用无齿锯、打磨机等操作时，面部不能直接对机械，使用机械设备要带防护罩。使用砂浆机等搅拌操作时，不要用手脚近料口处直接送料，在倒料时，要先拉电闸再用工具扒灰，不可在机械运转时扒灰，以免事故发生。进出施工电梯必须及时关好防护门，违者电梯司机可不予开动施工电梯。施工电梯严禁超载、超员、超规范运行。

### 6.4.4 其他安全要求

要戴好安全帽，高空作业要系好安全带。在搅拌灰浆、顶棚抹灰时，要防止砂浆溅入眼睛内烧伤眼睛，如果溅到，尽快用清水冲洗干净，不得用手揉眼睛。在坡面施工时，操作人员要穿软底鞋，要有防滑措施。施工人员不得翻越外架子和乘坐运料专用吊篮。严禁立体交叉作业，以免坠物伤人。生活区宿舍，严禁使用电炉、电热毯、煤炭炉，严禁使用热得快，严禁用明火取暖，宿舍内严禁使用功率大于等于 100W 的灯泡，严禁长明灯和长流水。

### 6.4.5 抹灰工常见伤害与预防

抹灰工常见伤害与预防，见表 6-3。

**抹灰工常见伤害与预防** **表 6-3**

| 伤害种类 | 伤害现象 | 预防措施 |
|---|---|---|
| 高处坠落 | 大多出现在作业用临时设施(脚手架、操作平台、梯子)和洞口临边处，以及进行攀登和悬空作业时，施工人员从高处作业区坠落下来 | 1. 设防护栏杆。“五临边”部位的作业场所设防护栏杆<br>2. 设防护盖板。对邻近的人与物有坠落危险的孔洞，均应设防护盖板加以防护<br>3. 设安全门。垂直运输用的平台、楼梯边缘接料口处，设安全门或活动防护栏杆<br>4. 脚手架及操作平台等高处作业的临时设施应进行结构计算并按现行标准验收后方可使用<br>5. 攀登作业应从规定的通道上下，不得任意翻越或利用吊车臂架攀登<br>6. 施工现场易发生坠落的危险部位设安全标志，夜间设红灯示警<br>7. 用好“三宝”即安全帽、安全带、安全网。一旦发生坠落，可有效地保护，减轻坠落伤害程度 |

续表

| 伤害种类 | 伤害现象 | 预防措施 |
| --- | --- | --- |
| 施工触电 | 触电伤害分电击和电伤两种。触电事故主要有三类：一是施工人员触碰电线或电缆线；二是混凝土施工设备漏电；三是高压防护不当而造成触电 | 1. 规范施工现场配电。按规范进行施工配电设计；临时配电线路所用的材料、电杆埋设、室外架空线路、电缆线路、室内配线等均应符合施工用电安全规范的规定，严禁非电工接、修、拆施工用电线路<br>2. 施工用电应有可靠的接地与防雷措施<br>3. 组织学习并掌握施工用电安全常识，操作人员要掌握相关设备的性能<br>4. 建立临时用电定期检查制度，对不安全因素及时处理并办理复查验收手续<br>5. 使用电气设备前，必须穿戴规定的劳动保护用品，并检查电气装置和保护设施是否完好。严禁设备“带病”作业<br>6. 保护设备的所有线路和开关箱完好，发现问题及时报告处理 |
| 物体打击 | 施工过程中的高处材料、工具、零部件坠落对人体造成伤害 | 1. 避免交叉作业。施工计划安排时，尽量避免或减少同一垂直线内的立体交叉作业。无法避免时必须设置能阻挡上面坠落物体的隔离层<br>2. 设安全网。施工层应设 1.2m 高防护栏杆和 18cm 高挡脚板。脚手架外侧设置密目式，网间不应有空缺<br>3. 安全帽。戴好安全帽，是防止物体打击的可靠措施<br>4. 材料堆放。材料、构件、料具应按施工组织设计规定的位置堆放整齐，做到工完场清<br>5. 上下传递物件禁止抛掷<br>6. 往井字架、龙门架上装材料时，把料车放稳，材料堆放稳固，关好吊笼安全门后，应退回到安全地区，严禁在吊篮下方停留<br>7. 起重运输。绳结必须系牢。起吊物件应使用交互捻制的钢丝绳，钢丝绳如有扭结、变形、断丝、锈蚀等异常现象，应降级使用或报废。禁止在吊臂下穿行和停留 |

续表

| 伤害种类 | 伤害现象 | 预防措施 |
| --- | --- | --- |
| 机械伤害 | 1. 因操作人员素质不高，安全观念淡薄，操作防护不当将手、头发绞入机内<br>2. 机械运转时防护不当或带病运转伤人 | 1. 正确使用机械。搅拌混凝土时，严禁将头或手伸入机架察看或探摸；运转中不得用手或工具等物伸入，扒料出料<br>2. 作业前检查。混凝土施工设备作业前空车运转，检查各工作装置的操作、制动，确认正常后，方可作业<br>3. 安全装置不准随意调整和拆除<br>4. 测试与试运转。新购或经过大修、改装和拆卸后重新安装的机械设备，必须按原厂说明的要求的规定进行测试和试运转<br>5. 维修保养。所有机械设备都要切实做到班前、班后的例行保养和定期保养。对漏保、失修或超载带病运转机械设备，应禁止使用<br>6. 机械操作人员。应穿三紧式工作服，戴好防护面具，不准戴手套，女同志应戴护发帽。机械运转时，不准作擦拭、注油、紧固螺栓等作业 |